工业和信息化人才培养规划教材

Visual Basic
程序设计实验指导

（第4版）

李作纬 ◎ 主编

Visual Basic Programming Training

人民邮电出版社
北京

图书在版编目（ＣＩＰ）数据

Visual Basic程序设计实验指导 / 李作纬主编. --
4版. -- 北京：人民邮电出版社，2015.2（2023.2重印）
工业和信息化人才培养规划教材
ISBN 978-7-115-38329-7

Ⅰ. ①V… Ⅱ. ①李… Ⅲ. ①BASIC语言－程序设计－
教材 Ⅳ. ①TP312

中国版本图书馆CIP数据核字(2015)第010815号

内 容 提 要

本书是《Visual Basic 程序设计（第 4 版）》（吴昌平主编）的配套实验指导教材，内容包括 20 个单项实验、1 个综合实验实例和 2 个综合实验题。

本书紧密围绕主教材的教学思路，继承其由浅入深、逻辑清晰的特点，精心设计了有代表性的实验内容，并通过大量实例丰富、补充了主教材的内容。本书在每个实验后精选了多种类型的习题和实验，以培养学生的实际编程能力。此外，本书的综合实验实例介绍了项目开发的实际过程，可作为课程设计、毕业设计的指导和参考；2 个综合实验题可作为课程设计题目。

本书适合作为高等职业院校"Visual Basic 程序设计"课程的实验、实训教材，也可作为相关技术人员的参考用书。

◆ 主　编　李作纬
　　责任编辑　桑　珊
　　责任印制　杨林杰

◆ 人民邮电出版社出版发行　　北京市丰台区成寿寺路 11 号
　　邮编　100164　　电子邮件　315@ptpress.com.cn
　　网址　http://www.ptpress.com.cn
北京九州迅驰传媒文化有限公司印刷

◆ 开本：787×1092　1/16
　　印张：11　　　　　　　　2015 年 2 月第 4 版
　　字数：284 千字　　　　　2023 年 2 月北京第 10 次印刷

定价：28.00 元

读者服务热线：(010)81055256　印装质量热线：(010)81055316
反盗版热线：(010)81055315

前言　PREFACE

Visual Basic 6.0（简称 VB）是面向对象的可视化程序设计语言，而上机操作练习是学习程序设计语言的一个重要环节。我们编写本书的目的在于：希望能从实践训练的角度给学生以启迪，使学生能够更快地掌握并熟练应用 Visual Basic。

本书是《Visual Basic 程序设计（第 4 版）》（吴昌平主编）的配套实验指导教材，详细介绍了有关 VB 程序设计的各类实验，包括 VB 集成开发环境，简单的 VB 应用程序，VB 基本控件，VB 基本语句，选择结构，循环结构，常用控件及多窗体，一维数组、二维数组，可调数组和控件数组，子过程与函数过程，过程与变量的作用域、鼠标事件和键盘事件，文件，高级界面设计，图形操作，VB 数据库开发、VB 多媒体应用、Active X 控件，综合实验实例，综合实验题等。本书通过大量的实例说明 VB 程序设计的方法，以培养学生的实际编程能力。

在本书的每个实验中，"实验目的"介绍本次实验的主要目的；"实验内容及步骤"详细介绍实验的设计思想、操作步骤，并给出源代码，任课教师可以进行有针对性的讲解；"实训"中的内容可供学生作为课堂练习，进一步提高学生的编程能力；"习题与思考"可作为学生的课后作业与拓展练习。

本书的实验 1、实验 2 和实验 16 由朱可廷编写；实验 3、实验 9 和实验 10 由杨海编写；实验 4、实验 5 和实验 6 由毛玉明编写；实验 7、实验 8 和实验 15 由徐成强编写；实验 11、实验 12、实验 13 和实验 14 由刘后毅编写；实验 17、实验 18、实验 19 和实验 20 由倪燃编写；实验 21、实验 22 和实验 23 由李作纬编写。全书由李作纬统稿并审定。

由于编者水平有限，书中难免存在缺点和错误，恳请广大读者批评指正。

编　者
2014 年 12 月

目 录 CONTENTS

实验 1　VB 集成开发环境　1

一、实验目的　　　　　　　　1　　三、实训　　　　　　　　　　2
二、实验内容及步骤　　　　　1　　四、习题与思考　　　　　　　4

实验 2　简单的 VB 应用程序　5

一、实验目的　　　　　　　　5　　三、习题与思考　　　　　　　9
二、实验内容及步骤　　　　　5

实验 3　VB 基本控件　11

一、实验目的　　　　　　　　11　　三、实训　　　　　　　　　　15
二、实验内容及步骤　　　　　11　　四、习题与思考　　　　　　　18

实验 4　VB 基本语句　19

一、实验目的　　　　　　　　19　　三、实训　　　　　　　　　　22
二、实验内容及步骤　　　　　19　　四、习题与思考　　　　　　　24

实验 5　选择结构（一）　25

一、实验目的　　　　　　　　25　　三、实训　　　　　　　　　　29
二、实验内容及步骤　　　　　25　　四、习题与思考　　　　　　　31

实验 6　选择结构（二）　32

一、实验目的　　　　　　　　32　　三、实训　　　　　　　　　　35
二、实验内容及步骤　　　　　32　　四、习题与思考　　　　　　　39

实验 7　循环结构（一）　40

一、实验目的　　　　　　　　40　　四、实训　　　　　　　　　　43
二、重点与难点　　　　　　　40　　五、习题与思考　　　　　　　44
三、实验内容及步骤　　　　　40

实验8　循环结构（二）　46

一、实验目的　46
二、重点与难点　46
三、实验内容及步骤　46
四、实训　48
五、习题与思考　50

实验9　常用控件及多窗体（一）　54

一、实验目的　54
二、实验内容及步骤　54
三、实训　57
四、习题与思考　60

实验10　常用控件及多窗体（二）　61

一、实验目的　61
二、实验内容及步骤　61
三、实训　64
四、习题与思考　67

实验11　一维数组　69

一、实验目的　69
二、重点与难点　69
三、实验内容及步骤　69
四、实训　72
五、习题与思考　74

实验12　二维数组、可调数组和控件数组　76

一、实验目的　76
二、重点与难点　76
三、实验内容及步骤　76
四、实训　79
五、习题与思考　83

实验13　子过程与函数过程　85

一、实验目的　85
二、重点与难点　85
三、实验内容及步骤　85
四、实训　89
五、习题与思考　91

实验14　过程与变量的作用域、鼠标事件和键盘事件　93

一、实验目的　93
二、重点与难点　93
三、实验内容及步骤　93
四、实训　99
五、习题与思考　100

实验15　文　件　102

一、实验目的　102
二、重点与难点　102
三、实验内容及步骤　102
四、实训　103
五、习题与思考　109

实验 16 高级界面设计 111

一、实验目的 111   四、实训 116
二、重点与难点 111   五、习题与思考 120
三、实验内容及步骤 111

实验 17 图形操作 121

一、实验目的 121   三、实训 124
二、实验内容及步骤 121   四、习题与思考 128

实验 18 VB 数据库开发 129

一、实验目的 129   三、实训 132
二、实验内容及步骤 129   四、习题与思考 135

实验 19 VB 多媒体应用 136

一、实验目的 136   三、实训 139
二、实验内容及步骤 136   四、习题与思考 141

实验 20 ActiveX 控件 142

一、实验目的 142   三、实训 145
二、实验内容及步骤 142   四、习题与思考 145

实验 21 综合实验实例 146

一、实验目的 146   二、实验内容及步骤 146

实验 22 综合实验题（一） 165

一、实验任务 165   三、实验提示 165
二、实验要求 165

实验 23 综合实验题（二） 167

一、实验任务 167   三、实验提示 167
二、实验要求 167

PART 1

实验 1
VB 集成开发环境

一、实验目的

1. 掌握 VB 的启动与退出。
2. 了解 VB 的集成开发环境，熟悉各个主要窗口的作用。
3. 了解 VB 应用程序的开发过程。

二、实验内容及步骤

【例 1.1】 建立一个简单的应用程序窗口，在窗体中添加一个标签、两个按钮。添加代码，实现在单击按钮时，标签向左或向右移动。

设计步骤如下。

（1）打开"开始"→"程序"→"Microsoft Visual Basic6.0 中文版"。

（2）在弹出窗口选择"标准 EXE"。

（3）添加两个命令按钮和一个标签控件到窗体上，调整各控件的大小和位置。

（4）在属性列表框中设置各控件的属性，如表 1-1 所示。

表 1-1 属性设置表

对　象	属　性	设　置
Command1	Caption	向左移动
Command2	Caption	向右移动
Label1	Caption	移动的字幕

（5）编写程序代码，实现：单击"向左移动"按钮时，标签"移动的字幕"向左移动一次；单击"向右移动"按钮时，标签"移动的字幕"向右移动一次，如图 1-1 所示。

程序代码如下：

```
Private Sub Command1_Click()
  Label1.Left = Label1.Left - 100
End Sub
Private Sub Command2_Click()
  Label1.Left = Label1.Left + 100
```

```
End Sub
```

（6）运行调试程序，然后将文件保存。

三、实训

【**实训 1.1**】 新建一个工程，在窗体上画一个文本框、两个命令按钮；两个命令按钮的标题分别是"问"与"答"。编写代码。程序运行后，当单击"问"按钮时，文本框中显示"你是谁啊？"；当单击"答"按钮时，文本框中显示"我是 VB 用户！"。运行情况如图 1-2 所示。

图 1-1　运行界面　　　　　　　　图 1-2　运行界面

程序调试完毕后，完成以下操作：保存工程；生成 EXE 文件；退出 VB 环境，执行生成的 EXE。

 　按照设计 VB 应用程序的一般步骤进行操作，首先设计用户界面，然后设置属性，编写代码，最后保存和运行调试工程，生成 EXE 文件。

（1）设计用户界面。新建一个工程和窗体，双击工具箱中的文本框，将一个文本框加入窗体中；双击工具箱中命令按钮，将命令按钮加入到窗体中，重复加入命令按钮。调整按钮和文本框的位置。

（2）设置属性。设置对象属性如表 1-2 所示。

表 1-2　属性设置表

对　象	属　性	设　置
Text1	Text	空白
Command1	Caption	问
Command1	Caption	答

（3）编写代码。双击 Command1 命令按钮，在代码框出现。

```
Private Sub Command1_Click()
End Sub
```

在两行代码之间添加运行代码如下。

```
Private Sub Command1_Click()
    Text1.Text = "你是谁啊？"
End Sub
```

双击 Command2 命令按钮，在代码框添加如下代码。

```
Private Sub Command2_Click()
End Sub
```

在两行代码之间添加运行代码如下。

```
Private Sub Command2_Click()
  Text1.Text = "我是 VB 用户!"
End Sub
```

（4）保存、运行调试工程，生成 EXE 文件。

单击"文件"→"保存工程"，弹出"文件另存为"对话框，选择保存路径后保存窗体文件"form1.frm"。接着弹出"工程另存为"对话框，选择路径保存工程文件"工程 1.vbp"。

单击"文件"→"生成工程 1.exe"，弹出"生成工程"对话框，选择路径和生成文件名。单击确定开始编译生成。

退出 VB 程序，找到刚才生成的 EXE 文件，双击执行。

【实训 1.2】 在窗体上画一个命令按钮，其名称为"C1"，标题为"显示"。编写代码，程序运行后，如果单击"显示"按钮，则把窗体的标题修改为"等级考试"，运行界面如图 1-3 所示。

图 1-3 运行界面

（1）新建工程和窗体。

（2）添加一个命令按钮到窗体中。

（3）设置属性如表 1-3 所示。

表 1-3 属性设置表

对 象	属 性	设 置
Command1	名称	C1
Command1	Caption	显示

（4）双击命令按钮编写代码如下。

```
Private Sub c1_Click()
   Form1.Caption = "等级考试"
End Sub
```

（5）保存并调试运行。

【实训 1.3】 在窗体上画一个文本框，其名称为 Text1。Text 属性为空白。再画一个命令按钮，其名称为 C1，标题为"我来了"，Visible 属性为 False。编写适当的事件过程，程序运行后，如果在文本框中输入字符，则命令按钮出现，如图 1-4 所示。

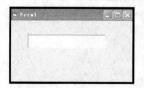 

图 1-4 运行界面

如题要求，选择适当的事件过程作为文本框的文本变化事件，一旦输入字符，文本框文本变化触发 Text1_Change()事件来执行代码。

（1）新建工程和窗体。

（2）添加命令按钮和文本框。

（3）设置属性如表 1-4 所示。

表 1-4   属性设置表

对　　象	属　　性	设　　置
Text1	名称	Text1
Text1	Text	空
Command1	名称	C1
Command1	Caption	我来了
Command1	Visible	False

（4）编写代码如下。

```
Private Sub Text1_Change()
  C1.Visible = True
End Sub
```

四、习题与思考

1. 下列不能打开属性窗口的操作是_____。

    A. 单击"视图"菜单中的"属性窗口"　　　　B. 按【F4】键

    C. 单击工具栏上的"属性窗口"　　　　　　D. 按【Ctrl+T】快捷键

2. 下列可以打开"立即窗口"的操作是_____。

    A.【Ctrl+D】　　　　　　　　　　　　　　B.【Ctrl+E】

    C.【Ctrl+F】　　　　　　　　　　　　　　D.【Ctrl+G】

3. 设计程序，界面如图 1-5 所示。当单击按钮"向上移动"时，标签"移动的字幕"向上移动一次，当单击按钮"向下移动"时，标签"移动的字幕"向下移动一次。

图 1-5　运行界面

PART 2

实验 2
简单的 VB 应用程序

一、实验目的

1. 理解标识符、数据类型、常量、变量、函数和表达式的基本概念。
2. 掌握局部变量的声明方法，理解 Dim 和 Static 的区别。
3. 掌握书写 VB 表达式的方法，能够书写正确的 VB 表达式。
4. 掌握 VB 常用函数的使用方法。
5. 能够利用表达式进行简单的计算，编写简单的 VB 程序。

二、实验内容及步骤

【例 2.1】　编写代码计算圆的周长和面积，并输出结果。

- 定义一个单精度常量 pi，赋值为 3.141593；定义一个字符串常量 strs，赋值为"圆面积为:"；定义一个字符串常量 strl，赋值为"圆周长为:"。
- 定义一个单精度变量 r，定义一个单精度变量 s，定义一个单精度变量 l。
- 给变量 r 赋值。
- 计算 s，计算 l。
- 输出 s 和 l。

设计步骤如下。

（1）新建一个工程和窗体，双击窗体进入代码窗口。

（2）在代码窗口中输入如下代码。

```
Private Sub Form_Click()
    '定义一个单精度常量 pi 赋值为 3.141593
    Const pi As Single = 3.141593
    '定义一个字符串常量 strs 赋值为"圆面积为: "
    Const strs As String = "圆面积为"
    '定义一个字符串常量 strl 赋值为"圆周长为: "
    Const strl As String = "圆周长为"
    Dim r As Single                    '定义一个单精度变量 r
    Dim s As Single                    '定义一个单精度变量 s
```

```
Dim l As Single                    '定义一个单精度变量l
r = 10                             '给变量 r 赋值
s = pi * r * r                     '计算s
t = 2 * pi * r                     '计算
Print strs; s                      '输出s
Print strl; l                      '输出l
End Sub
```

（3）运行结果如图 2-1 所示。调试过程中更改赋值语句，给 *r* 赋值为 11、12、13 分别运行。

图 2-1　运行结果

【例 2.2】　使用代码将下列数学表达式转换成 VB 表达式，输入相应的变量值，输出计算结果。

（1）$[(3x+y)^2 + \cos 45°] \times 5$

（2）$e^2 - \dfrac{\sin 3x}{x+y}$

（3）$\dfrac{-b+\sqrt{b^2-4ac}}{2a}$

分析　　　　首先根据表达式需求定义若干变量，定义一个结果变量存放计算结果，给变量赋值后将计算结果存放到结果变量。最后将结果 print 到窗体中输出。

设计步骤如下。

（1）根据表达式要求定义 2 个单精度变量 *x, y*。由于需要用到弧度计算，定义一个单精度常量 pi 用来存放圆周率；将整数 45 转换成弧度值，定义一个结果单精度变量 *result* 存放计算结果。

新建一个工程窗体，在代码窗口中选择单击窗体事件过程，添加以下代码。

```
Private Sub Form_Click()
  Const pi As Single = 3.141593          '定义圆周率常量pi
  Dim x As Single                        '定义单精度变量x
  Dim y As Single                        '定义单精度变量y
  Dim result As Single                   '定义单精度结果变量result
  x = 4                                  '给x赋值
  y = 5                                  '给y赋值
  result = ((3 * x + y) ^ 2 + Cos(45 * pi / 180)) * 5     '计算result的值
  Print "计算结果为"; result             '输出result的值
End Sub
```

改变 x，y 的值，观察运行结果的变化。

（2）定义单精度常量 pi，定义单精度变量 x、y，定义结果变量 *result*，赋值后计算并打印结果。步骤同上，加入代码如下。

```
Private Sub Form_Click()
  Const pi As Single = 3.141593          '定义圆周率常量 pi
  Dim x As Single                        '定义单精度变量 x
  Dim y As Single                        '定义单精度变量 y
  Dim result As Single                   '定义单精度结果变量 result
  x = 4                                  'x 赋值
  y = 15                                     'y 赋值
  result = exp(2) - Sin(3 * x * pi / 180) / (x + y)     '计算结果
  Print "计算结果为"; result             '输出结果
End Sub
```

程序运行后，单击窗体，窗体上出现运行结果，改变 x、y 的值，观察运行结果的变化。

（3）定义单精度变量 a、b、c，定义结果变量 *result*，赋值后计算并打印结果。题目中根号使用函数 sqr( ) 来表示。步骤同上，加入代码如下。

```
Private Sub Form_Click()
  Dim a As Single                        '定义单精度变量 a
  Dim b As Single                        '定义单精度变量 b
  Dim c As Single                        '定义单精度变量 c
  Dim result As Single                   '定义单精度结果变量 result
  a = 4                                  'a 赋值
  b = 10                                 'b 赋值
  c = 5                                  'c 赋值
  result = (-b + Sqr(b ^ 2 - 4 * a * c)) / (2 * a)      '计算结果
  Print "计算结果为"; result             '输出结果
End Sub
```

改变 a，b，c 的值，观察运行结果的变化。

【例 2.3】　常用函数的用法。

（1）Rnd( ) 函数的用法。

使用 Rnd( ) 函数设计应用程序，当单击窗体中按钮时，按钮移动到窗体内的随机位置上。要求按钮不能"跑出"窗体。

　　　加入命令按钮 command1 到窗体中，命令按钮的位置依靠 top 属性和 left 属性控制，分别为按钮上沿到窗体最上面的距离、按钮左沿到窗体最左边的距离。按下按钮时，将随机生成按钮的 top 属性和 left 属性的值赋值给按钮。题目要求按钮位置在窗体内。因此，随机生成的 top 值的值域应为 0 到窗体高度减去按钮的高度，left 值的值域应为 0 到窗体宽度减去按钮的宽度。

　　　Rnd( ) 函数生成的值域为 0 到 1 的随机小数。如果将其值域变为[0,*m*]，则需要将其放大 *m* 倍，用 *m**Rnd( ) 即可。由此可得：

　　　myleft 的随机值应为　　Rnd( ) * (form1.width-command1.width)；

mytop 的随机值应为 Rnd( ) * (form1.height-command1.height)。

因此，在按钮的单击事件过程中添加的代码应有以下功能，首先定义一个保存生成 top 值的单精度变量 *mytop*，定义一个保存生成 left 值的单精度变量 *myleft*，使用随机函数生成两个变量的值。将两个值分别赋给 command1 的 top 属性和 left 属性。

设计步骤如下。

新建一个工程和窗体，添加一个命令按钮到窗体中，将命令按钮的 Caption 属性设置为"随机位置"，双击命令按钮进入代码框，添加如下代码。

```
Private Sub Command1_Click()
  Dim myleft As Single
  Dim mytop As Single
  myleft = Rnd * (Form1.Width - Command1.Width)
  mytop = Rnd * (Form1.Height - Command1.Height)
  Command1.Top = mytop
  Command1.Left = myleft
End Sub
```

运行程序如图 2-2 所示。

图 2-2　运行结果

（2）Time( )和 Now( )函数的用法。

分别利用 Time( )和 Now( )函数编写程序，实现：当单击窗体时，显示当前的日期和时间。

利用窗体的单击事件过程，定义一个字符串变量 *mytime* 和一个字符串变量 *mynow*，分别保存当前的时间和日期。使用 Time( )和 Now( )函数分别给两个变量赋值，赋值后将两个变量打印到窗体中。

设计步骤如下。

新建一个工程和窗体，打开代码窗口选择窗体的单击事件过程，添加代码如下。

```
Private Sub Form_Click()
  Dim mytime As String
  Dim mynow As String
  mytime = Time()
  mynow = Now()
  Print "time()函数生成值为："; mytime
  Print "now()函数生成值为："; mynow
End Sub
```

程序运行结果如图 2-3 所示。

图 2-3 运行结果

三、习题与思考

1. 理解 Dim 和 Static 的区别。在 VB 集成开发环境中新建一个工程,并在该工程的代码窗口,加入如下代码。

```
Private Sub Form_Click()
 Dim x As Integer
 Static y As Integer
 x = x + 1
 y = y + 1
 Print x, y
End Sub
```

运行程序,在该应用程序的窗体上连续单击鼠标,观察程序的运行结果,然后回答以下两个问题。

(1)程序中的 Print 方法隶属于哪个对象?其功能是什么?

(2)在声明变量时,Dim 关键字和 Static 关键字有何不同之处?

2. 设计一个简单的 VB 程序,计算下列 VB 表达式的值。

(1)2+8/2

(2)8 MOD 5

(3)43>=98 AND 3^3<=4**6 OR NOT "A"+"B"="ab"

(4)−2^2+(−2)^2< >−3*3+(−3)^2

(5)NOT 10\3<10/3 OR 10 MOD 3=10−3*3

运行程序,并回答以下问题。

表示式(1)是一个_____类型的表达式,其计算结果为_____。

表示式(2)是一个_____类型的表达式,其计算结果为_____。

表示式(3)是一个_____类型的表达式,其计算结果为_____。

表示式(4)是一个_____类型的表达式,其计算结果为_____。

表示式(5)是一个_____类型的表达式,其计算结果为_____。

　　为简单起见,可使用 Form_Click 事件,并用定义相应类型的变量保存每个表达式的值,最后再用 Print 方法输出每个变量的值。

3. 设计一个简单的 VB 程序,计算下列 VB 函数的值。

（1）Int(−3.14159)

（2）Sqr(Sqr(64))

（3）CInt(15/4)

（4）Str(−459.65)

（5）Int(Abs(99−100)/2)

（6）Val("16 Year")

（7）Len("VB5.0")

（8）Mid("Window_VB",3,4)

运行程序，并回答以下问题。

表示式（1）的计算结果为_____，函数 Int() 的功能是_____。

表示式（2）的计算结果为_____，函数 Sqr 的功能是_____。

表示式（3）的计算结果为_____，函数 CInt() 的功能是_____。

表示式（4）的计算结果为_____，函数 Str() 的功能是_____。

表示式（5）的计算结果为_____，函数 Abs() 的功能是_____。

表示式（6）的计算结果为_____，函数 Val() 的功能是_____。

表示式（7）的计算结果为_____，函数 Len() 的功能是_____。

表示式（8）的计算结果为_____，函数 Mid() 的功能是_____。

为简单起见，可使用 Form_Click 事件，并用定义相应类型的变量保存每个函数的值，最后再用 Print 方法输出每个变量的值。

4. 将如下 3 个数学表达式改写成符合 VB 语法规则的 VB 表达式，并计算出它们的结果，设 $x=1$，$y=5$，$z=9$。

$$\frac{1+\frac{y}{x}}{1-\frac{y}{x}}, \quad x^2+\frac{3xy}{2-y}, \quad \sqrt{|xy-z^3|}$$

运行程序，并回答以下问题。

（1）第 1 个表示式的计算结果为_____。

（2）第 2 个表示式的计算结果为_____。

（3）第 3 个表示式的计算结果为_____。

（4）程序中定义了几个变量？这些变量都是什么类型？分别用什么关键字进行声明？

为简单起见，可使用 Form_Click 事件，并用定义相应类型的变量保存每个表达式的值，最后再用 Print 方法输出每个变量的值。

实验 3
VB 基本控件

一、实验目的

掌握窗体、命令按钮、标签、文本框的常用属性、事件和方法。

二、实验内容及步骤

【例 3.1】　设计一个窗体，标题为"窗体练习"，无最大化、最小化按钮，有关闭按钮。程序运行后，在窗体上载入一幅图片作为背景。当单击窗体时，窗体变宽 1000 twip，标题处显示"窗体变宽 1000"；当双击窗体时，窗体变高 1000 twip，标题处显示"窗体变高 1000"。运行效果如图 3-1 所示。

图 3-1　运行结果

　窗体的背景图片可以在窗体初始化时通过 LoadPicture 函数载入。本题主要是针对窗体的 MaxButton、MinButton、Height、Width 属性的练习。

设计步骤如下。

（1）设计界面：按照表 3-1 列出的内容，设置窗体的 Caption、MaxButton、MinButton 属性。

表 3-1　对象属性设置

对　象	属　性	设　置
Form1	Caption	窗体练习
	MaxButton	False
	MinButton	False

（2）双击窗体，进入代码编辑窗口，编写 Form_Load() 事件过程，代码如下。

```
Private Sub Form_Load()
   Form1.Picture = LoadPicture("F:\VB\btq.jpg")
End Sub
```

上机实验时，可以通过查找文件的方法找到一个图片文件，参照上面代码的格式输入即可。

（3）在代码窗口的"过程"列表中选择 Click 事件过程，并添加如下代码。

```
Private Sub Form_Click()
   Form1.Width = Form1.Width + 1000
   Form1.Caption = "窗体变宽1000"
End Sub
```

（4）在代码窗口的"过程"列表中选择 DblClick 事件过程，并添加如下代码。

```
Private Sub Form_DblClick()
   Form1.Height = Form1.Height + 1000
   Form1.Caption = "窗体变高1000"
End Sub
```

（5）保存工程。

【例 3.2】 设计一个窗体，标题为"命令按钮练习"；包含 3 个带有快捷键功能的命令按钮，标题分别为 Show、Hide 和 Quit。程序运行后，按钮 Show 为默认按钮，按钮 Hide 处于失效状态（即不起作用），按钮 Quit 处于隐藏状态。单击按钮 Show 后，按钮 Hide 生效并且显示按钮 Quit；单击按钮 Hide 后，按钮 Hide 失效并且隐藏按钮 Quit；单击按钮 Quit 则程序退出。程序运行初始时的效果如图 3-2 所示；单击按钮 Show，效果如图 3-3 所示。

图 3-2 程序初始时的效果 　　　　图 3-3 单击按钮 Show 后的效果

可以通过设置命令按钮的 Enabled 属性和 Visible 属性来控制其是否有效和显示状态。

设计步骤如下。

（1）设计用户界面：新建工程，按照表 3-2 列出的内容，添加控件并设置属性。

表 3-2 对象属性设置

对　象	属　性	设　置
Form1	Caption	命令按钮练习
Command1	Caption	&Show
	Default	True

对　象	属　性	设　置
Command2	Caption	&Hide
	Enabled	False
Command3	Caption	&Quit
	Visible	False

（2）双击按钮 Show，进入代码编辑窗口，编写单击事件过程，代码如下。

```
Private Sub Command1_Click()
  Command2.Enabled = True
  Command3.Visible = True
End Sub
```

（3）双击按钮 Hide，进入代码编辑窗口，编写单击事件过程，代码如下。

```
Private Sub Command2_Click()
  Command2.Enabled = False
  Command3.Visible = False
End Sub
```

（4）双击按钮 Quit，进入代码编辑窗口，编写单击事件过程，代码如下。

```
Private Sub Command3_Click()
  End
End Sub
```

（5）保存工程。

【例 3.3】　设计一个窗体，标题为"文本框练习"；包含 4 个标签 Label1、Label2、Label3、Label4，2 个文本框 Text1、Text2，如图 3-4 所示。程序运行后，当在 Text1 输入文本时，Label1 显示"您正在输入第 1 行："，Label2 显示输入的内容；切换到 Text2 时，Label1 显示"第 2 行开始"并且 Label2 被清空；当在 Text2 中输入文本时，Label1 显示"您正在输入第 2 行："，Label2 显示输入的内容；切换到 Text1 时，Label1 显示"第 1 行开始"并且 Label2 被清空。

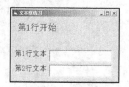

图 3-4　程序界面

分析

在文本框之间切换时，将触发 LostFocus 事件。

设计步骤如下。

（1）设计用户界面：新建工程，按照表 3-3 列出的内容，添加控件并设置属性。

表 3-3　　对象属性设置

对　象	属　性	设　置
Form1	Caption	文本框练习
Label1	Caption	第 1 行开始

对　　象	属　　性	设　　置
Label1	AutoSize	True
	Font	小二
Label2	Caption	空
	AutoSize	True
	Font	小二
Label3	Caption	第 1 行文本
	AutoSize	True
	Font	小三
Label4	Caption	第 2 行文本
	AutoSize	True
	Font	小三
Text1	Text	空
	Font	小三
	MaxLength	16
Text2	Text	空
	Font	小三
	MaxLength	16

（2）双击 Text1 进入代码编辑窗口，编写 Text1_Change( )事件过程，代码如下。

```
Private Sub Text1_Change()
  Label1.Caption = "您正在输入第 1 行: "
  Label2.Caption = Text1.Text
End Sub
```

（3）在代码窗口的"过程"下拉列表中选择 LostFocus 事件过程，代码如下。

```
Private Sub Text1_LostFocus()
  Label1.Caption = "第 2 行开始: "
  Label2.Caption = ""
End Sub
```

（4）双击 Text2 进入代码编辑窗口，编写 Text2_Change( )事件过程，代码如下。

```
Private Sub Text2_Change()
  Label1.Caption = "您正在输入第 2 行: "
  Label2.Caption = Text2.Text
End Sub
```

（5）在代码窗口的"过程"下拉列表中选择 LostFocus 事件过程，代码如下。

```
Private Sub Text2_LostFocus()
```

```
    Label1.Caption = "第 1 行开始: "
    Label2.Caption = ""
End Sub
```

三、实训

【实训 3.1】 设计一个收款程序。用户输入商品单价和商品数量后,单击"计算"按钮,则显示应付款;单击"清除"按钮,则清除显示的数据。程序运行效果如图 3-5 所示。

图 3-5　收款程序运行效果

设计步骤如下。
(1)新建工程,按照表 3-4 列出的内容,添加控件和设置属性。

表 3-4　　对象属性设置

对　　象	属　　性	设　　置
Form1	Caption	收款计算
Label1	Caption	商品单价
Label2	Caption	商品数量
Label3	Caption	应付款
Label4	Caption	空
Text1	Text	空
Text2	Text	空
Command1	Caption	计算
Command2	Caption	清除

(2)双击"计算"按钮进入代码编辑窗口,编写 Command1_Click()事件过程,代码如下。

```
Private Sub Command1_Click()
    Dim price!, number!
    price = Val(Text1.Text)
    number = Val(Text2.Text)
    Label4.Caption = price * number
End Sub
```

(3)双击"清除"按钮进入代码编辑窗口,编写 Command2_Click()事件过程,代码如下。

```
Private Sub Command2_Click()
    Text1.Text = ""
    Text2.Text = ""
    Label4.Caption = ""
End Sub
```

（4）保存工程。

【**实训 3.2**】 在窗体上画一个文本框，名称为 Text1；高度为 350，宽度为 2000，字体为"黑体"，设置其他相关属性，使得程序在运行时，在文本框中输入的字符都显示为"？"，如图 3-6 所示。

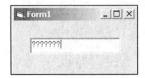

图 3-6 运行界面

设计步骤如下。

（1）新建工程，按照表 3-5 列出的内容，添加控件和设置属性。

表 3-5 对象属性设置

对 象	属 性	设 置
Text1	Text	空
	Height	350
	Width	2000
	PasswordChar	？

（2）保存工程。

【**实训 3.3**】 在窗体上画一个文本框，其名称为 Text1；再画一个命令按钮，其名称为 Command1，标题为"移动"。编写适当的事件过程，使得程序在运行时，单击"移动"按钮，则文本框移动到窗体的最左端，如图 3-7 所示。

图 3-7 文本框移动

设计步骤如下。

（1）新建工程，按照表 3-6 列出的内容，添加控件和设置属性。

表 3-6 对象属性设置

对 象	属 性	设 置
Text1	Name	Text1
Command1	Caption	移动

（2）双击"移动"按钮进入代码编辑窗口，编写 Command1_Click()事件过程。

```
Private Sub Command1_Click()
  Text1.Left = 0
End Sub
```

【**实训 3.4**】 设计一个程序，显示如图 3-8 所示的艺术字。

图 3-8 艺术字的效果

设计步骤如下。

（1）设计用户界面：新建工程，按照表 3-7 列出的内容，添加控件并设置属性。

表 3-7　　对象属性设置

对　　象	属　　性	设　　置
Form1	Caption	艺术字
Label1	Caption	功到自然成
	AutoSize	True
	Font	新宋体　初号
	ForeColor	黑色　&H80000012&
	Left	560
	Top	280
Label2	Caption	功到自然成
	AutoSize	True
	Font	新宋体　初号
	ForeColor	白色　&H00FFFFFF&
	Left	620
	Top	310
	BackStyle	0

（2）保存工程。

【实训 3.5】　设计一个程序，把在文本框中输入的文本同步生成艺术字，如图 3-9 所示。

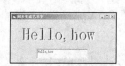

图 3-9　同步生成艺术字

设计步骤如下。

（1）设计用户界面：新建工程，按照表 3-8 列出的内容，添加控件并设置属性。

表 3-8　　对象属性设置

对　　象	属　　性	设　　置
Form1	Caption	同步生成艺术字
Label1	Caption	空
	AutoSize	True
	Font	新宋体　初号
	ForeColor	黑色　&H80000012&
	Left	560
	Top	280
Label2	Caption	空
	AutoSize	True
	Font	新宋体　初号

对　象	属　性	设　置
Label2	ForeColor	白色 &H00FFFFFF&
	Left	620
	Top	310
	BackStyle	0
Text1	Text	空

（2）双击文本框，添加 Text1_Change( )事件过程：

```
Private Sub Text1_Change()
  Label1.Caption = Text1.Text
  Label2.Caption = Text1.Text
End Sub
```

（3）保存工程。

四、习题与思考

1. 编写程序，窗体上包含一个标签。当单击窗体时，标签中显示"单击窗体"；当双击窗体时，标签中显示"双击窗体"；敲击按键时在标签中显示出按键的名称。

敲击按键时触发的是 Form_KeyPress 事件。

2. 编写程序，界面如图 3-10 所示。分别单击"上"、"下"、"左"、"右"按钮可以实现文本框向上、向下、向左、向右移动。

3. 设计程序，窗体上包含两个命令按钮"允许移动"和"禁止移动"。程序运行时，窗体可以移动，"允许移动"按钮失效，"禁止按钮"有效；单击"禁止移动"按钮，窗体无法移动，"允许移动"按钮生效而"禁止移动"按钮失效。

图 3-10　程序界面

4. 编写程序，窗体上包含 4 个命令按钮，分别为"左上角"、"右上角"、"左下角"、"右下角"。单击"左上角"按钮，窗体移动到屏幕的左上角；单击"右上角"按钮，窗体移动到屏幕的右上角；单击"左下角"按钮，窗体移动到屏幕的左下角；单击"右下角"按钮，窗体移动到屏幕的右下角。

5. 设计一个计算程序，窗体中包含 4 个文本框：文本框 1（Text1）、文本框 2（Text2）、文本框 3（Text3）、文本框 4（Text4）；窗体中还包含 3 个命令按钮：清除按钮（Command1）、计算按钮（Command2）、退出按钮（Command3）。程序运行后，在文本框 1、文本框 2、文本框 3 中任意输入 3 个整数；单击清除按钮，则清除文本框中显示的内容；单击计算按钮，则计算输入的 3 个数的平均数并将结果存放在文本框 4 中；单击退出按钮则程序退出。

6. 设计程序，窗体上包含一个文本框（Text1）和一个标签（Label1）。当在文本框 Text1 中输入字符串时，能够将字符串的有效长度显示在标签 Label1 中。

PART 4

实验 4
VB 基本语句

一、实验目的

1. 掌握赋值语句和表达式的使用，能使用基本语句编写简单的应用程序。
2. 掌握 Print 和 Cls 方法，学习并掌握 Inputbox 函数和 Msgbox 函数的使用。
3. 掌握 VB 提供的调试工具和基本的程序调试手段。

二、实验内容及步骤

【例 4.1】 在输入框中输入一个长方形的宽和高，然后将长方形的面积和对角线长度显示到文本框中，程序运行界面如图 4-1 所示。

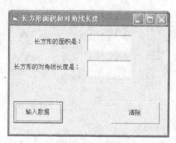

图 4-1 运行界面

本题主要考察 Inputbox 函数、赋值语句和表达式的表示方法。首先应该定义 4 个变量：a、b、c、d；变量 a、b 分别用来存放在输入框中输入的长方形的宽和高，变量 c 用来存放长方形的面积，变量 d 用来存放长方形的对角线长度。将 a 与 b 的乘积赋值给变量 c，将 sqr($a*a+b*b$) 赋值给 d，然后将 c、d 的值分别赋值给相应文本框的 Text 属性即可。

设计步骤如下。
（1）设计用户界面：在窗体上添加 2 个命令按钮、2 个文本框和 2 个标签。
（2）控件属性设置：按照表 4-1 列出的内容，设置控件属性值。

表 4-1　　控件属性设置

对　象	属　性	设　置
Form1	Caption	长方形面积和对角线长度
Command1	Caption	输入数据
Command2	Caption	清除
Label1	Caption	长方形的面积是:
Label2	Caption	长方形的对角线长度是:
Text1	Text	清空
Text2	Text	清空

（3）双击 Command1 按钮进入代码编辑窗口，编写 Command1_Click()事件过程，代码如下。

```
Private Sub Private Sub Command1_Click()
    Dim a As Single, b As Single,c As Single,d As Single
    a = inputbox("请输入长方形的宽", "输入框")
    b = inputbox("请输入长方形的高", "输入框")
    c =a * b
    d=sqr(a*a+b*b)
    Text1.text= c
    Text2.text= d
End Sub
```

（4）双击 Command2 按钮进入代码编辑窗口，编写 Command2_Click()事件过程，代码如下。

```
Private Sub Private Sub Command2_Click()
Text1.text= ""
Text2.text= ""
End Sub
```

（5）运行调试程序，若有错误，则要仔细检查并修改错误，最后保存窗体文件和工程文件。

【例 4.2】　在窗体上建立 3 个命令按钮，单击窗体上不同的命令按钮，依次弹出如图 4-2 所示的消息框。

图 4-2　3 种消息框

本题主要考察 Msgbox 函数的使用方法。Msgbox 函数的格式有两种：标准形式有返回值，语句形式没有返回值。本题需要注意按钮个数、标题和图标样式的区别。

设计步骤如下。

（1）设计用户界面：在窗体上添加 3 个命令按钮。

（2）控件属性设置：按照表 4-2 列出的内容，设置控件属性值。

表 4-2　　控件属性设置

对　　象	属　　性	设　　置
Form1	Caption	消息框演示程序
Command1	Caption	消息框 1
Command2	Caption	消息框 2
Command3	Caption	消息框 3

（3）双击 Command1 按钮进入代码编辑窗口，编写 Command1_Click()事件过程，代码如下。

```
Private Sub Command1_Click()
MsgBox "确实想退出吗", vbOKCancel + vbExclamation + vbDefaultButton1, "退出"
End Sub
```

（4）双击 Command2 按钮进入代码编辑窗口，编写 Command2_Click()事件过程，代码如下。

```
Private Sub Command2_Click()
MsgBox "密码必须大于 6 位" , vbRetryCancel + vbCritical + vbDefaultButton1,"请重新输入"
End Sub
```

（5）双击 Command3 按钮进入代码编辑窗口，编写 Command2_Click()事件过程，代码如下。

```
Private Sub Command3_Click()
MsgBox "账号密码不符，是否重新输入",vbYesNoCancel+vbQuestion +vbDefaultButton1,"数据校验"
End Sub
```

（6）运行调试程序，若有错误，仔细检查并修改错误，最后保存窗体文件和工程文件。

【例 4.3】　已知一个一元二次方程 $3x^2+6x+1=0$，编写一个程序将该方程的根显示到窗体上。

分析　首先对于一元二次方程应先判断 b^2-4ac 是否大于零，本题 $6^2-4\times3\times1>0$，所以使用求根公式 $x=\dfrac{-b\pm\sqrt{b^2-4ac}}{2a}$ 将 x 的值求出。

设计步骤如下。

（1）设计用户界面：在窗体上添加一个命令按钮。

（2）控件属性设置：按照表 4-3 列出的内容，添加控件和设置属性。

表 4-3　　控件属性设置

对　　象	属　　性	设　　置
Form1	Caption	消息框演示程序
Command1	Caption	求解

（3）双击 Command1 按钮进入代码编辑窗口，编写 Command1_Click( )事件过程，代码如下。

```
Private Sub Command1_Click()
    Dim x1 as single, x2 as single,m as single
    m=Sqr(6*6-4*3*1)
    x1=(-6+m)/(2*3)
    x2=(-6-m)/(2*3)
    Print "方程的解为: "
    Print "x1=";  x1
    Print "x2=";  x1
End Sub
```

（4）运行调试程序，若有错误，仔细检查并修改错误，最后保存窗体文件和工程文件。

三、实训

【实训 4.1】 设计一个程序，用 Inputbox 函数输入一个角度数后，在窗体上显示对应的弧度数。程序运行效果如图 4-3 所示。

 本题主要考察 Inputbox 函数、赋值语句、表达式的表示方法和 Print 方法。通过输入框将角度数输入，然后将角度转化为弧度，使用 Print 方法将弧度打印到窗体上。

设计步骤如下。

（1）设计用户界面：在窗体上添加 1 个命令按钮。

（2）属性设置：按照表 4-4 列出的内容，设置控件属性值。

图 4-3　程序运行效果

表 4-4　　控件属性设置

对　象	属　性	设　置
Form1	Caption	角度弧度转换
Command1	Caption	角度

（3）双击 Command1 按钮进入代码编辑窗口，编写 Command1_Click( )事件过程，代码如下。

```
Private Sub Command1_Click()
    Dim a!, b!
    a = InputBox("请输入一个角度", "输入框")
    b = a * 3.1415 / 180
```

```
    Print "角度"; a; "换算为弧度为: "; b
End Sub
```

【实训 4.2】 设计程序，单击不同按钮时，在窗体上显示相应的由星号组成的图形，如图 4-4 所示。

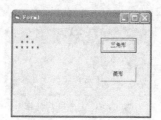

图 4-4 程序运行效果

 本题主要考查 Print 方法。在 Print 方法中，可以使用 Tab 函数对输入项进行定位。本程序的关键是确定每一行第一个字符的输出位置。

设计步骤如下。

（1）设计用户界面：在窗体上添加 2 个命令按钮。

（2）属性设置：按照表 4-5 列出的内容，设置控件属性值。

表 4-5 控件属性设置

对 象	属 性	设 置
Command1	Caption	三角形
Command1	Caption	菱形

（3）双击 Command1 按钮进入代码编辑窗口，编写 Command1_Click( )事件过程，代码如下。

```
Private Sub Command1_Click()
    Print Tab(10); "*"
    Print Tab(8); "* * *"
    Print Tab(6); "* * * * *"
End Sub
```

（4）双击 Command2 按钮进入代码编辑窗口，编写 Command2_Click( )事件过程，代码如下。

```
Private Sub Command2_Click()
    Print Tab(10); "*"
    Print Tab(8); "* * *"
    Print Tab(6); "* * * * *"
    Print Tab(8); "* * *"
    Print Tab(10); "*"
End Sub
```

四、习题与思考

1. 已知函数表达式为：$y = \sin(x) \times \cos(x) + 18 \times x/6$，编写程序，通过输入框输入一个 x 值，然后将函数值 y 打印到窗体上。

2. 编写程序，显示如图 4-5 所示消息框。

图 4-5　程序运行效果

3. 编写程序，使用 Print 方法将九九乘法表打印到窗体上。

4. 编写程序，通过输入框输入一个正整数，将这个数的平方根通过消息框返回给用户。

5. 编写程序，通过文本框输入一个圆的周长，将该圆的半径和面积输出到两个标签上。

6. 编写程序，在窗体上输出如下的图形。

```
*****&&&*****
 ***%%%***
  **#**
```

PART 5

实验5
选择结构（一）

一、实验目的

1. 熟练掌握块 If 结构的书写格式，熟悉块 If 结构的控制流程。
2. 学会使用块 If 结构进行编程，处理选择性问题。
3. 掌握块 If 的嵌套，能够使用块 If 的嵌套处理多重选择问题。

二、实验内容及步骤

【例 5.1】　有如下分段函数，编写程序，通过输入框输入 x 的值，将结果输出到窗体上。

$$y = \begin{cases} x \times 8 - 19 & x >= 3 \\ x \times 9 + 10 & x < 3 \end{cases}$$

　　根据此函数的自变量 x 的取值，函数表达式分为两部分，所以应使用块 if 语句实现。通过单击按钮弹出输入框，输入 x 的值，使用块 if 语句判断自变量 x 的取值，然后使用相对应的函数表达式计算 y 的值，最后使用 Print 方法将结果输出到窗体上。

设计步骤如下。

（1）设计用户界面：在窗体上添加 1 个命令按钮。

（2）属性设置：按照表 5-1 列出的内容，设置控件属性值。

表 5-1　属性设置

对　象	属　性	设　置
Command1	Caption	输入 x 的值

　　（3）双击 Command1 按钮进入代码编辑窗口，编写 Command1_Click() 事件过程，代码如下。

```
Private Sub Command1_Click()
  Dim x!, y!
  x = InputBox("请输入 x 的值", "输入框")
  If x > 3 Then
    y = x * 8 - 19
```

```
Else
    y = x * 9 + 10
End If
Print y
End Sub
```

【例5.2】 有如下分段函数，根据输入自变量 x 值的不同在窗体上打印出 y 的值。

$$y = \begin{cases} \sin(x) \times 8 + 3 & 3 \leqslant x \\ \cos(x) \times 16 + x \times 6 & 2 \leqslant x < 3 \\ \sin(8) + x \times 3 & x < 2 \end{cases}$$

 此函数为分段函数，自变量 x 的取值分为 3 段，是一个有 3 个分支结构的程序，所以应使用块 If 语句的嵌套来完成。

设计步骤如下。

（1）设计用户界面：在窗体上添加 1 个命令按钮。

（2）属性设置：按照表 5-2 列出的内容，设置控件属性值。

表5-2　属性设置

对　象	属　性	设　置
Command1	Caption	请输入 x 的值

（3）双击 Command1 按钮进入代码编辑窗口，编写 Command1_Click()事件过程，代码如下。

```
Private Sub Command1_Click()
  Dim x!, y!
  x = InputBox("请输入 x 的值", "输入框")
  If x >= 3 Then
      y = Sin(x) * 8 + 3
  Else
      If x >= 2 Then
          y = Cos(x) * 16 + x * 6
      Else
          y = Sin(x) + x * 3
      End If
  End If
  Print y
End Sub
```

【例5.3】 设计一个猜数字的游戏，运行效果如图 5-1 所示。

程序功能满足以下要求。

（1）单击"游戏开始"按钮后，随机产生两个两位整数，分别放入对应的文本框中并显示，且 Command1、Command2 和 Command3 按钮由不可用状态变为可用状态。

（2）用户判断数的大小，单击相应按钮后，若判断正确则在标签中显示"恭喜你，答对了"，若判断错误则在标签中显示"对不起，答错了"。

图 5-1 程序运行效果

　　首先程序需要产生两位随机整数,使用语句 Int (Rnd * 90)＋10 可以随机生成两位整数。在窗体加载时,将 Command1、Command2 和 Command3 按钮的"Visible"属性设为"False",当单击"游戏开始"按钮时,将 Command1、Command2 和 Command3 按钮的"Visible"属性设为"True"。当用户做了选择后,使用块 If 语句进行判断输出相应语句。

设计步骤如下。

（1）设计用户界面:在窗体上添加 5 个命令按钮、3 个标签、2 个文本框。

（2）属性设置:按照表 5-3 列出的内容,设置控件属性值。

表 5-3　属性设置

对　象	属　性	设　置
Command1	Caption	第一个数大
Command2	Caption	第二个数大
Command3	Caption	两个数相等
Command4	Caption	游戏开始
Command5	Caption	退出
Label1	Caption	第一个数为:
Label2	Caption	第二个数为:
Label3	Caption	清空
Label3	Font	宋体,三号
Text1	Text	清空
Text2	Text	清空

（3）双击窗体进入代码编辑窗口,编写 Form_Load()事件过程,代码如下。

```
Dim a As Integer, b As Integer
Private Sub Form_Load()
  Command1.Enabled = False
  Command2.Enabled = False
  Command3.Enabled = False
End Sub
```

（4）双击 Command1 按钮进入代码编辑窗口,编写 Command1_Click()事件过程,代码如下。

```
Private Sub Command1_Click()
  Text1.PasswordChar = ""
  Text2.PasswordChar = ""
```

```
If a > b Then
      Label3.Caption = "恭喜你，答对了"
Else
      Label3.Caption = "对不起，答错了"
End If
Command1.Enabled = False
Command2.Enabled = False
Command3.Enabled = False
End Sub
```

（5）双击 Command2 按钮进入代码编辑窗口，编写 Command2_Click( )事件过程，代码如下。

```
Private Sub Command2_Click()
  Text1.PasswordChar = ""
  Text2.PasswordChar = ""
  If b > a Then
      Label3.Caption = "恭喜你，答对了"
  Else
      Label3.Caption = "对不起，答错了"
  End If
  Command1.Enabled = False
  Command2.Enabled = False
  Command3.Enabled = False
End Sub
```

（6）双击 Command3 按钮进入代码编辑窗口，编写 Command3_Click( )事件过程，代码如下。

```
Private Sub Command3_Click()
  Text1.PasswordChar = ""
  Text2.PasswordChar = ""
  If a = b Then
      Label3.Caption = "恭喜你，答对了"
  Else
      Label3.Caption = "对不起，答错了"
  End If
  Command1.Enabled = False
  Command2.Enabled = False
  Command3.Enabled = False
End Sub
```

（7）双击 Command4 按钮进入代码编辑窗口，编写 Command4_Click( )事件过程，代码如下。

```
Private Sub Command4_Click()
  Randomize
  a = Int(Rnd * 90) + 10
  b = Int(Rnd * 90) + 10
```

```
    Text1.Text = a
    Text2.Text = b
    Command1.Enabled = True
    Command2.Enabled = True
    Command3.Enabled = True
    Text1.PasswordChar = "*"
    Text2.PasswordChar = "*"
End Sub
```

（8）双击 Command5 按钮进入代码编辑窗口，编写 Command5_Click()事件过程，代码如下。

```
Private Sub Command5_Click()
    End
End Sub
```

三、实训

【实训 5.1】　设计一个两位数的加、减、乘、除运算程序，要求如下。

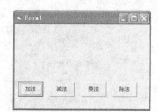

- 加、减、乘、除由用户单击相应按钮选择。
- 运算数据由随机函数产生。
- 选择合适的控件显示运算式中的数据、运算符。
- 对用户输入结果的"对错"用消息框给出提示。
- 结果正确时有"!"图标。
- 结果错误时有"×"图标。

图 5-2　程序运行效果

此程序主要分为 3 个部分。
- 使用随机函数生成两个两位数，用户单击不同按钮，则运算式显示到相应标签中。
- 使用块 If 语句进行判断，根据回答的答案显示不同的消息框。
- 设置消息框的各个参数，回答正确显示"!"图标，回答错误显示"×"图标。

设计步骤如下。

（1）设计用户界面：在窗体上添加 4 个命令按钮和 1 个标签，运行效果如图 5-2 所示。

（2）属性设置：按照表 5-4 列出的内容，设置控件属性值。

表 5-4　属性设置

对　象	属　性	设　置
Command1	Caption	加法
Command2	Caption	减法
Command3	Caption	乘法
Command4	Caption	除法
Label1	Caption	清空

（3）双击 Command1 进入代码编辑窗口，编写 Command1_Click()事件过程，代码如下。

```
Private Sub Command1_Click()
  Dim a!, b!, c!, d!
  Randomize
  a = Int(Rnd * 90) + 10
  b = Int(Rnd * 90) + 10
  c = a + b
  Label1.Caption = a & "+" & b & "= ?"
  d = InputBox("请输入答案：", "输入框")
  If c = d Then
      MsgBox "回答正确", vbOKOnly + vbExclamation, "消息提示"
  Else
      MsgBox "回答错误", vbOKOnly + vbCritical, "消息提示"
  End If
End Sub
```

（4）双击 Command2 进入代码编辑窗口，编写 Command2_Click( )事件过程，代码如下。

```
Private Sub Command2_Click()
  Dim a!, b!, c!, d!
  Randomize
  Label1.Caption = ""
  a = Int(Rnd * 90) + 10
  b = Int(Rnd * 90) + 10
  c = a - b
  Label1.Caption = a & "-" & b & "= ?"
  d = InputBox("请输入答案：", "输入框")
  If c = d Then
      MsgBox "回答正确", vbOKOnly + vbExclamation, "消息提示"
  Else
      MsgBox "回答错误", vbOKOnly + vbCritical, "消息提示"
  End If
End Sub
```

（5）双击 Command3 进入代码编辑窗口，编写 Command3_Click( )事件过程，代码如下。

```
Private Sub Command3_Click()
  Dim a!, b!, c!, d!
  Randomize
  Label1. Caption = ""
  a = Int(Rnd * 90) + 10
  b = Int(Rnd * 90) + 10
  c = a * b
  Label1.captin = a & "×" & b & "= ?"
  d = InputBox("请输入答案：", "输入框")
  If c = d Then
      MsgBox "回答正确", vbOKOnly + vbExclamation, "消息提示"
```

```
    Else
        MsgBox "回答错误", vbOKOnly + vbCritical, "消息提示"
    End If
End Sub
```

（6）双击 Command4 进入代码编辑窗口，编写 Command4_Click 事件过程，代码如下。

```
Private Sub Command4_Click()
    Dim a!, b!, c!, d!
    Randomize
    Label1.Caption = ""
    a = Int(Rnd * 90) + 10
    b = Int(Rnd * 90) + 10
    c = a / b
    Label1. Caption = a & "÷" & b & "= ?"
    d = InputBox("请输入答案：", "输入框")
    If c = d Then
        MsgBox "回答正确", vbOKOnly + vbExclamation, "消息提示"
    Else
        MsgBox "回答错误", vbOKOnly + vbCritical, "消息提示"
    End If
End Sub
```

四、习题与思考

1. 设计一个程序。通过输入框输入一个学生的成绩，以 60 分作为及格标准，在窗体上分别打印"及格"或"不及格"。

2. 设计一个程序，在文本框中输入一个学生英语课的成绩，将学生成绩分成 3 档：小于 60 分为"不及格"，大于等于 60 分小于 80 分为"良好"，大于等于 80 分为"优秀"。将结果显示到标签上。

3. 通过输入框输入一个数，若此数大于 0，则在标签中显示"大于 0"；若小于 0，则显示"小于 0"；若等于 0，则显示"等于零"。

4. 从键盘上输入一个整数，编写程序判断这个数是奇数还是偶数，并将结果显示到窗体上。

5. 编写一个程序，通过输入框输入一个整数，若输入的是一个正整数则弹出一个消息框，提示用户重新输入；若输入的是一个负整数，则将这个数的绝对值显示到窗体上。

6. 书店为了提高销售量，搞了一次促销活动，购书花费超过 50 元以上的部分九折，购书花费超过 70 元以上的部分再打八五折，购书花费超过 160 元以上的部分再打八折。通过文本框输入购书花费，计算需要支付的金额并输出到窗体上。

7. 编写一个程序，程序功能是：通过输入框输入一个数，若是单精度的数，则将它的整数部分取出来并打印到窗体上；若是整数，则将它的绝对值求出并打印到窗体上。

8. 设计程序，为窗体设置 3 张背景图片，通过单击窗体，实现 3 张背景图片的循环切换。

实验6
选择结构（二）

一、实验目的

1. 掌握 Else If 语句的书写格式，熟悉 Else If 语句的控制流程。
2. 掌握行 If 语句的编程使用。
3. 掌握 Select Case 语句的书写格式，熟悉 Select Case 语句的控制流程。

二、实验内容及步骤

【例 6.1】 计算课时费。教师课时费的基数是每节课 30 元，若教师一学期的总课时在 180 课时以内，则所乘系数为 1；超出 180 课时小于 220 课时的部分所乘系数为 0.8，超出 220 课时小于 250 课时的部分所乘系数为 0.6，超出 250 课时的部分所乘系数为 0.5。请分别用 Else If 语句和 Select Case 语句来实现。程序运行效果如图 6-1 所示。

图 6-1　程序运行效果

设计步骤如下。

（1）设计用户界面：在窗体上添加 1 个命令按钮，2 个标签，2 个文本框。

（2）属性设置：按照表 6-1 列出的内容，设置控件属性值。

表 6-1　控件属性设置

对　　象	属　　性	设　　置
Command1	Caption	计算
Label1	Caption	请输入课时数：
Label2	Caption	课时费为：

（3）在代码窗口添加如下代码。

方法一：使用 Else If 语句实现。

```
Private Sub Command1_Click()
  Dim a%, b!
  a = Text1.Text
  If a <= 180 Then
  b = a * 30
```

```
ElseIf a <= 220 Then
  b = 180 * 30 + (a - 180) * 30 * 0.8
ElseIf a <= 250 Then
  b = 180 * 30 + (220 - 180) * 30 * 0.8 + (a - 220) * 30 * 0.6
Else
  b = 180 * 30 + 40 * 30 * 0.8 + 30 * 30 * 0.6 + (a - 250) * 30 * 0.5
End If
Text2.Text = b
End Sub
```

方法二：使用 Select Case 语句实现。

```
Private Sub Command1_Click()
  Dim a%, b!
  a = Text1.Text
  Select Case a
    Case Is<=180
      b = a * 30
    Case Is<=220
      b = 180 * 30 + (a - 180) * 30 * 0.8
    Case Is<=250
      b = 180 * 30 + (220 - 180) * 30 * 0.8 + (a - 220) * 30 * 0.6
    Case Else
      b = 180 * 30 + 40 * 30 * 0.8 + 30 * 30 * 0.6 + (a - 250) * 30 * 0.5
  End Select
  Text2.Text = b
End Sub
```

【例 6.2】　编写程序，从 5 个文本框中输入 5 个数，将其中的最大值和最小值，分别显示在第 6 个和第 7 个文本框里。运行效果如图 6-2 所示。

图 6-2　程序运行效果

　可以首先定义两个变量 *max* 和 *min*，分别存放最大值和最小值，将第一个数放到 *max* 和 *min* 中，然后可以分别用 *max* 和 *min* 和其他数进行比较，若比 *max* 大则交换，若比 *min* 小也交换，最后将 *max* 和 *min* 的值通过文本框输出。

设计步骤如下。

（1）设计用户界面：在窗体上添加 1 个命令按钮，3 个标签，7 个文本框。

（2）属性设置：按照表 6-2 列出的内容，设置控件属性值。

表 6-2　　属性设置

对　象	属　性	设　置
Command1	Caption	确定
Label1	Caption	请输入 5 个实数：
Label2	Caption	最大值为：
Label3	Caption	最小值为：
Text1	Text	清空
Text2	Text	清空
Text3	Text	清空
Text4	Text	清空
Text5	Text	清空
Text6	Text	清空
Text7	Text	清空

（3）双击 Command1 按钮进入代码编辑窗口，编写 Command1_Click( )事件过程，代码如下。

```
Private Sub Command1_Click()
  Dim a!, b!, c!, d!, e!, max!, min!
  a = Text1.Text
  b = Text2.Text
  c = Text3.Text
  d = Text4.Text
  e = Text5.Text
  max = a
  If b > max Then  max = b
  If c > max Then  max = c
  If d > max Then  max = d
  If e > max Then  max = e
  min = a
  If b < min Then  min = b
  If c < min Then  min = c
  If d < min Then  min = d
  If e < min Then  min = e
  Text6.Text = max
  Text7.Text = min
End Sub
```

【例 6.3】　编写一个程序：用户输入年份、月份，程序输出该月天数。

程序流程可分为 3 部分：

- 输入数据：将年、月通过输入框输入到程序中并分别赋值给相应的变量。
- 判断部分：1 月、3 月、5 月、7 月、8 月、10 月、12 月为 31 天，2 月闰年 29 天，平年 28 天，其余月 30 天。判断该年份是平年还是闰年，能被 4 整除但不能被 100 整除的年份为闰年，例如 2008 年。能被 400 整除的年份为闰年，例如 2000 年。除以上情况外其余年份都是平年。
- 输出结果。将计算结果打印到窗体上。

设计步骤如下。

（1）设计用户界面：在窗体上添加 1 个命令按钮。

（2）属性设置：按照表 6-3 列出的内容，设置控件属性值。

表 6-3　　对象属性设置

对　　象	属　　性	设　　置
Form1	Caption	天数判断程序
Command1	Caption	输入数据

（3）双击 Command1 进入代码编辑窗口，编写 Command1_Click()事件过程，代码如下。

```
Private Sub Command1_Click()
  Dim y%,m%,d%
  y=inputbox("输入年份：")
  m=inputbox("输入月份：")
  select case m
    case 1,3,5,7,8,10,12
      d=31
    case 4,6,9,11
      d=30
    case 2
      if y mod 4=0 and y mod 100<>0 or y mod 400=0 then
        d=29
      else
        d=28
      end if
  end select
  print y; "年";m; "月";d; "天"
End Sub
```

三、实训

【实训 6.1】　编写一个程序，功能是：根据给定图形三条边的边长来判定图形的类型。若为三角形，则同时计算出为何种三角形及三角形的面积。程序运行界面如图 6-3 所示。

图 6-3　程序运行界面

- 任意一边大于零且任意两边的边长之和大于第三边，则该图形为三角形。
- 若三边是勾股数，则该图形是直角三角形；若任意两边平方之和大于第三边的平方，则该图形为锐角三角形；若有一边的平方大于另外两边的平方之和，则该图形为钝角三角形。
- 根据上面两项定理，可以使用 Else If 语句来进行判断，将结果显示到相应的文本框里。

设计步骤如下。

（1）设计用户界面：在窗体上添加 3 个命令按钮、8 个标签、5 个文本框，并在窗体上排列好顺序。

（2）属性设置：按照表 6-4 列出的内容，设置控件属性值。

表 6-4　对象属性设置

对　象	属　性	设　置
Command1	Caption	判断并计算
Command2	Caption	清除再来
Command3	Caption	退出
Label1	Caption	请输入各边边长
Label2	Caption	第一条边
Label3	Caption	第二条边
Label4	Caption	第三条边
Label5	Caption	显示结果
Label6	Caption	是否三角形
Label7	Caption	何种三角形
Label8	Caption	三角形面积

（3）双击 Command1 进入代码编辑窗口，编写 Command1_Click()事件过程，代码如下。

```
Private Sub Command1_Click()
  Dim a!, b!, c!,s!,p!
  a = Text1.Text
  b = Text2.Text
  c = Text3.Text
  if a+b>c and a+c>b and b+c>a then
```

```
      Text4.Text="是"
      p=(a+b+c)/2
      s=sqr(p* (p-a) * (p-b) * (p-c))
      Text6.Text=s
      if a^2+b^2=c^2 or a^2+c^2=b^2 or b^2+c^2=a^2 then
      Text5.Text="直角三角形"
      elseif a^2+b^2>c^2 and a^2+c^2>b^2 and b^2+c^2>a^2 then
      Text5.Text="锐角三角形"
      else
      Text5.Text="钝角三角形"
      end if
   else
      Text4.Text="不是"
      Text5.Text=""
      Text6.Text=""
   end if
End Sub
```

（4）双击 Command2 进入代码编辑窗口，编写 Command2_Click( )事件过程，代码如下。

```
Private Sub Command2_Click()
   Text1.Text=""
   Text2.Text=""
   Text3.Text=""
   Text4.Text=""
   Text5.Text=""
   Text6.Text=""
End Sub
```

（5）双击 Command3 进入代码编辑窗口，编写 Command3_Click( )事件过程。

```
Private Sub Command3_Click()
   End
End Sub
```

【实训 6.2】　编写程序，评定某个学生奖学金的等级，以高数、英语、计算机 3 门课的成绩为评奖依据。奖学金分为一、二、三等奖，评奖标准如下。

- 符合下列条件之一者可获得一等奖学金：三门课成绩总分在 285 分以上；有两门课成绩是 100 分，且第三门不低于 80 分。
- 符合下列条件之一者可获得二等奖学金：三门课成绩总分在 270 分以上；有一门课成绩是 100 分，其他成绩不低于 75 分。
- 　各门成绩不低于 70 分，可获得三等奖学金。

符合条件者就高不就低，只能获得最高的那一项奖学金。程序要求能够显示获奖等级，程序运行界面如图 6-4 所示。

图 6-4　程序运行界面

本题是一个多分支的语句结构，可以选用 Else If 语句来实现。

设计步骤如下。

（1）设计用户界面：在窗体上添加 2 个命令按钮，3 个标签，3 个文本框，并在窗体上排列好顺序。

（2）属性设置：按照表 6-5 列出的内容，设置控件属性值。

表 6-5　对象属性设置

对　　象	属　　性	设　　置
Command1	Caption	判定
Command2	Caption	退出
Label1	Caption	高数：
Label2	Caption	英语：
Label3	Caption	计算机：
Label4	Caption	清空

（3）双击 Command1 进入代码编辑窗口，编写 Command1_Click( )事件过程，代码如下。

```
Private Sub Command1_Click()
    Dim a!, b!, c!, d!
    a = Text1.Text
    b = Text2.Text
    c = Text3.Text
    d = a + b + c
    If d >= 285 or ( a = 100  And  b = 100 And c >= 80) or (b = 100 And c = 100
        And a >= 80) or (a = 100 And c = 100 And b >= 80) Then
    Label4.Caption = "一等奖学金"
    Elseif d >= 270 or ( a = 100  And b >= 75 And c >= 75) or (b = 100 And a>=75
            And c >= 75) or (c = 100 And a >= 75 And b >= 75) Then
        Label4.Caption = "二等奖学金"
    Elseif a >= 70 And b >= 70 And c >= 70 Then
        Label4.Caption = "三等奖学金"
    Else
```

```
    Label4.Caption = "未获奖学金"
  End If
End Sub
```

（4）双击 Command2 进入代码编辑窗口，编写 Command2_Click( )事件过程，代码如下。

```
Private Sub Command2_Click()
  End
End Sub
```

四、习题与思考

1. 编写一个程序，要求：输入一个人的年龄，18 岁以下为少年，20 岁到 30 岁为青年，30 岁到 55 岁为中年，55 岁以上为老年，判断此人的年龄段并将结果显示到窗体上。

2. 已知一个分段函数如下。编写一个程序，要求：在第一个文本框中输入自变量 x 的值，程序将函数值 y 在第二个文本框中显示出来。

$$y = \begin{cases} e^x + e^{-x} & x > 10 \\ e^x + x^2 & 5 < x \leqslant 10 \\ e^{-x} + x^2 & 3 < x \leqslant 5 \\ x^2 & x \leqslant 3 \end{cases}$$

3. 编写一个程序，用来判断文本框 Text1 中输入的数所在区间，并使用消息框对应地输出"值为 0"、"值在 1 和 10 之间（包括 1 和 10）"、"值大于 10"或"值小于 0"。

4. 已知某商场所有商品九五折，一次购 1000 元以上九折，2000 元以上八五折，3000 元以上八折，4000 元以上七五折。请使用 Else If 语句和 Select Case 语句编写程序，实现输入购物金额并显示应付款。

5. 编写一个程序，实现如下功能：输入任何一个英文字母 x，若 x 的值为"a"、"c"、"d"、"e"则显示 x 的大写字母；若 x 的值为"m"、"o"、"p"，显示 x 的小写字母；若为其他值，则显示 xa（如输入的 x 的值是 g，则显示 ga）。

6. 查找中国、美国、法国、英国、俄罗斯这 5 个国家的资料，并编写一个程序，当单击不同国家的名称按钮时，将这个国家的资料显示到文本框里。

实验 7
循环结构（一）

一、实验目的

1. 理解循环结构的概念和程序设计的特点。
2. 熟练掌握 For Next 语句的格式、功能和使用方法。
3. 掌握多重循环的概念、执行过程和使用方法。

二、重点与难点

1. For 循环的适用条件：For 循环通常适用于循环次数确定的情况。
2. 循环体的执行过程。
3. 多重循环的嵌套。

三、实验内容及步骤

【例 7.1】 显示 500～1000 所有能被 29 整除的自然数，当用户单击"查找"按钮时，窗体上立即显示 500～1000 所有能被 29 整除的自然数。

本题要求查找 500～1000 满足一定条件的整数，可以确定 500 和 1000 分别为查找的下界和上界，也即控制变量的初值和终值。对于能够确定初值和终值的循环，使用 For 循环是比较方便的。在每一次循环中，循环体的主要工作是判断当前遍历的数字能否被 29 整除，如果能，则将此数字在窗体中打印出来，流程图如图 7-1 所示。

图 7-1 流程图

设计步骤如下。

（1）界面设计。启动 VB，新建一个工程，在窗体 Form1 上添加一个命令按钮 Command1，可对控件的大小位置等进行调整。

（2）属性设置。按表 7-1 列出的内容，设置控件的属性。

表 7-1   属性设置表

对　　象	属　　性	设　　置
Form1	Caption	循环结构
Command1	Caption	查找

（3）代码编写。在查找按钮的单击事件中编写如下代码。

```
Private Sub Command1_Click()
  Dim i As Integer            'i是被遍历的数字
  For i = 500 To 1000         '500和1000分别为循环的初值和终值
    If i Mod 29 = 0 Then      '判断当前数字是否能被29整除
      Print i                 '如果能被29整除，则将此数字打印出来
    End If
  Next i
End Sub
```

（4）调试运行。在程序运行之前，先保存，然后调试运行。调试运行无误后，生成 EXE 文件。

【例 7.2】　求出 2500～3000 满足以下条件的四位数：把千位数字和十位数字组成一个新的二位数（新二位数的十位数字是原四位数的千位数字，新二位数的个位数字是原四位数的十位数字），以及把个位数字和百位数字组成另一个新的二位数（新二位数的十位数字是原四位数的个位数字，新二位数的个位数字是原四位数的百位数字），新组成的两个二位数均是素数且新数的十位数字均不为零。

求满足条件的四位数，可以确定 2500 和 3000 分别为外循环的初值和终值。
在每一次外循环中，进行以下工作。
- 求出千位、百位、十位、个位数字的值。
- 组成两个新的两位数。
- 判断新两位数的十位是否为 0。
- 判断新的两位数是否为素数。
- 最后将符合条件的数字输出。

设计步骤如下。

（1）界面设计。启动 VB，新建一个工程，在窗体 Form1 上添加一个命令按钮 Command1，可对控件的大小位置等进行调整。

（2）属性设置。属性设置如表 7-2 所示。

表 7-2   属性设置

对　　象	属　　性	设　　置
Form1	Caption	循环结构
Command1	Caption	输出结果

（3）代码编写。在输出结果按钮的单击事件中编写如下代码。

```
Private Sub Command1_Click()
  Dim i As Integer                    '四位数
  Dim a As Integer                    '原四位数的千位
  Dim b As Integer                    '原四位数的百位
  Dim c As Integer                    '原四位数的十位
  Dim d As Integer                    '原四位数的个位
  Dim ac As Integer                   '新的二位数
  Dim db As Integer                   '新的二位数
  Dim flagac As Boolean               '第一个新数是素数的标志
  Dim flagdb As Boolean               '第二个新数是素数的标志
  Dim j As Integer                    '用作循环的控制变量
  For i = 2500 To 3000
    a = i \ 1000                      '求出千位
    b = (i Mod 1000) \ 100            '求出百位
    c = (i Mod 100) \ 10              '求出十位
    d = i Mod 10                      '求出个位
    ac = a * 10 + c                   '求出新的二位数
    db = d * 10 + b                   '求出新的二位数
    If a <> 0 And d <> 0 Then         '新数的十位数字不为 0
      flagac = True                   '先假设新数 ac 是素数
      For j = 2 To Int(Sqr(ac))       '核查第一个是否是素数
        If ac Mod j = 0 Then
          flagac = False              '如果不是素数则将标志设为 false
          Exit For
        End If
      Next j
      If flagac = True Then           '如果第一个新数是素数则继续判断
        flagdb = True
        For j = 2 To Int(Sqr(db))     '核查第二个是否是素数
          If db Mod j = 0 Then
            flagdb = False            '如果不是素数则将标志设为 false
            Exit For
          End If
        Next j
        If flagdb = True Then         '如果是素数则输出显示
          Print i
        End If
      End If
    End If
  Next i
End Sub
```

（4）调试运行。在程序运行之前，先保存，然后调试运行。调试运行无误后，生成 EXE 文件。

四、实训

【实训 7.1】　求 1000 以内所有能被 7 整除的数的个数。

 可以确定循环的初值和终值分别为 1 和 1000。循环体内容为，用当前数除以 7，如果余数为 0，则所求结果变量加 1。

（1）界面设计。启动 VB，新建一个工程，在窗体 Form1 上添加标签控件 Label1，添加一个文本框控件 Text1，添加一个命令按钮 Command1，界面如图 7-2 所示。

图 7-2　程序运行界面

（2）设置属性。属性设置如表 7-3 所示。

表 7-3　　属性设置

对　　象	属　　性	设　　置
Form1	Caption	循环结构
Label1	Caption	1000 以内所有能被 7 整除的数的个数为：
Text1	text	
Command1	Caption	计算

（3）代码如下。

```
Private Sub Command1_Click()
  Dim i As Integer          '控制变量，当前被判断的数字
  Dim s As Integer          '满足题意的个数
  s = 0                     '结果初始化为0
  For i = 1 To 1000         '循环
    If i Mod 7 = 0 Then     '判断是不是7的倍数
      s = s + 1             '如果是7的倍数，则结果加1
    End If
  Next i
  Text1.Text = s            '将最后结果显示在文本框中
End Sub
```

（4）调试运行。保存后调试运行，调试完毕后生成 EXE 文件。

【实训 7.2】　计算 1! + 3! + 5! + 7! + 9!。

该程序是一个 Setp 为 2 的外层循环，外循环的循环体的工作是将计算出来的每一个阶乘的值相加，得到最后结果，内循环的工作是计算阶乘的值。

（1）界面设计。启动 VB，新建一个工程，在窗体 Form1 上添加标签控件 Label1，添加一个文本框控件 Text1，添加一个命令按钮 Command1，可对控件的大小位置等进行调整。

（2）设置属性。属性设置如表 7-4 所示。

表 7-4 属性设置

对　　象	属　　性	设　　置
Form1	Caption	循环结构
Label1	Caption	1!+3!+5!+7!+9!的结果为:
Text1	Text	
Command1	Caption	计算

（3）代码如下。

```
Private Sub Command1_Click()
  Dim i As Integer        '外循环的控制变量
  Dim j As Integer        '内循环的控制变量
  Dim s As Long           '结果变量
  Dim m As Long           '阶乘变量
  s = 0   '初始化
  For i = 1 To 9 Step 2
    m = 1                 '阶乘结果初始化
    For j = 1 To i
      m = m * j           '计算阶乘
    Next j
    s = s + m             '将每个数的阶乘加起来
  Next i
  Text1.Text = s          '显示最后结果
End Sub
```

（4）调试运行。

保存后运行，调试完毕后生成 EXE 文件。

五、习题与思考

1. 调试并运行下面的体操评分程序：10 位评委，除去一个最高分和一个最低分，然后计算平均分。

```
'请在【 】处填入正确的内容
'---------------------------------------------------
'
Private Sub Command1_Click()
    Dim s As Integer
```

```
Dim Max, Min As Integer
Dim i, n, p As Integer
'**********SPACE**********
【?】
Min = 10
For i = 1 To 10
    n = Val(InputBox("    请输入分数：   "))
    '**********SPACE**********
    If n > Max Then【?】
    If n < Min Then Min = n
    s = s + n
Next i
'**********SPACE**********
s = s - Max 【?】
p = s / 8
Print "最高分  : "; Max
Print "最低分  : "; Min
Print "最后得分: "; p
End Sub
```

2. "完备数"是指一个数恰好等于它的因子之和，如 6 的因子为 1、2、3，而 6 = 1 + 2 + 3，因而 6 就是完备数。编写一个程序，找出 1～1000 的全部"完备数"。

3. 编程实现图 7-3 所示的图形。根据用户输入的图形的行和列数，程序按图中规律进行输出。

4. 编写程序：已知 $abc + cba = 1333$，其中 abc、cba 均表示一个 3 位数，如 617 +716= 1333，求出所有符合这一规律的 3 位数。

图 7-3　习题 3 效果界面　图 7-4　效果界面

5. 编写程序：求出所有在小于 5000 的素数中，十位数字比个位数字大的素数。

6. 编写程序：已知三角形三边 a、b、c 均为整数，且 a=20，b=30，求在此三角形的面积最大、最小时候，其面积和对应的边长。

7. 编写程序：已知四位数 $abcd$，求所有满足 $a^4 + b^3 + c^2 + d^1 = dcba$ 条件的四位数。

8. 编写程序，打印图 7-4 所示的图形。

9. 编写程序：有 1 分、2 分、5 分硬币若干，从中取出 20 枚硬币，其价值为 60 分。求一共有多少种组合取法，以及每一种取法中 1 分、2 分、5 分硬币各有多少枚。

实验 8
循环结构（二）

一、实验目的

1. 掌握 While Wend 语句的格式、功能和使用方法。
2. 掌握 Do Loop 语句的格式、功能和使用方法。
3. 掌握循环控制条件的使用、循环退出语句的使用。

二、重点与难点

1. While 和 Do 循环的适用条件：适合于不确定循环次数的情况。
2. 循环的格式。
3. 跳出循环的控制语句，循环的结束。

三、实验内容及步骤

【例 8.1】 编写程序：n 个西瓜，第一天卖出一半多两个，以后每天卖出剩下的一半多两个，问几天以后能卖完？

 本题的实质：只要剩余的西瓜个数>0，就继续卖，求几天卖完；实际就是求循环的次数。对于结束语句比较明确但是无法确定程序循环次数的问题采用 While 或 Do 循环比较合适。循环体的主要工作是：进行卖瓜天数的加 1 操作和对当天剩余西瓜的计算。循环结束后将结果打印输出。程序流程图如图 8-1 所示。

设计步骤如下。

（1）界面设计。启动 VB，新建一个工程，在窗体 Form1 上添加一个命令按钮 Command1，添加一个文本控件 Text1，可对控件的大小位置等进行调整。

（2）属性设置。属性设置如表 8-1 所示。

表 8-1　属性设置

对　象	属　性	设　置
Form1	Caption	循环结构
Text1	Text	
Command1	Caption	计算

（3）代码编写。在计算按钮的单击事件中编写如下代码。

```
Private Sub Command1_Click()
  Dim i As Integer                    '卖瓜天数
  Dim n As Integer                    '西瓜个数
  n = Val(Text1.Text)                 '获得西瓜个数
  i = 0                               '初始化天数
  While n > 0                         '只要卖了某一次之后有剩余则继续循环
    i = i + 1                         '天数加1
    n = n - Int(n / 2) - 2            '剩余西瓜个数
  Wend
  '输出卖瓜结果
  Print val(Text1.Text); "个西瓜" & Str(i) & "天卖完"
End Sub
```

（4）调试运行。保存后调试运行。调试运行无误后，生成 EXE 文件。

【例 8.2】 产生一个 10～99 的随机整数，如果这个数不是素数则继续生成随机整数，直到生成的数字是素数为止。程序运行界面如图 8-2 所示。

首先要产生一个随机数，然后在循环体内判断该随机数是否为素数，所以循环体应至少执行一次，故需要将判断条件放在 Loop 处。循环结束的条件是数字为素数，可以用素数标志变量控制。程序流程图如图 8-3 所示。

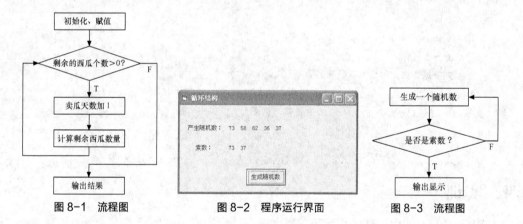

图 8-1 流程图　　　　　　图 8-2 程序运行界面　　　　　图 8-3 流程图

设计步骤如下。

（1）界面设计。启动 VB，新建一个工程，在窗体 Form1 上添加 1 个命令按钮 Command1，添加 4 个标签按钮 Label1、Label2、Label3、Label4，可对控件的大小位置等进行调整。

（2）属性设置。属性设置如表 8-2 所示。

表 8-2　　属性设置

对　　象	属　　性	设　　置
Form1	Caption	循环结构
Command1	Caption	生成随机数
Label1	Caption	

对　象	属　性	设　置
Label2	Caption	
Label3	Caption	产生随机数：
Label4	Caption	素数：

（3）代码编写。在生成随机数按钮的单击事件中编写如下代码。

```
Private Sub Command1_Click()
  Dim i As Integer              '控制变量
  Dim r As Integer              '产生的随机数
  Dim flag As Integer           '素数标志变量
  Do                            '外层循环
    flag = 0                    '标志变量初始化，先默认为素数
    r = Int(Rnd * 90) + 10      '产生 10 ~ 99 的随机整数
    Label1.Caption = Label1.Caption & " " & r
    For i = 2 To r - 1          '内层循环，判断生成的数字是不是素数
      If r Mod i = 0 Then
        flag = 1                '如果不是素数，则将标志变量标志为非素数
        Exit For                '退出循环
      End If
    Next i
    If flag = 0 Then
      Label2.Caption = Label2.Caption & " " & r
      '如果是素数，则将此素数输出到标签 Label2 中
    End If
  Loop While flag = 1           '如果不是素数则循环产生随机数
End Sub
```

（4）调试运行。保存后调试运行，调试运行无误后，生成 EXE 文件。

四、实训

【实训 8.1】　使用循环结构编程，程序输出界面如图 8-4 所示。

　　　　根据程序输出界面可知，程序应为两层循环。外层循环控制行，内层循环控制每一行的列输出。图形共 7 行，从第 1 行到第 7 行是外层循环，循环体的工作是输出该行应该显示的星号的列数。第 1 行输出 13 个；第 2 行输出 11 个，第 3 行输出 9 个，第 i 行输出 $[2 \times (8 - i) - 1]$ 个。对于本例两层循环的初值终值都是可以确定的，故完全可以用 For 格式实现，但是本实训采用 While 格式进行实现。

（1）界面设计。启动 VB，新建一个工程，窗体 Form1 上无须添加其他控件。
（2）设置属性。本题未添加控件，没有需要设置的属性。
（3）代码编写如下。

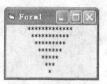

图 8-4 程序运行结果

```
Private Sub Form_Click()
  Dim i As Integer              '外层控制变量，用于控制行
  Dim j As Integer              '内层控制变量，用于控制列
  i = 1                         '初始化，第一行
  While i <= 7                  '外层循环
    Print Tab(i);               '输出空格
    j = 1                       '初始化，第一列
    While j <= 2 * (8 - i) - 1  '内层循环
      Print "*";               '输出星号
      j = j + 1
    Wend
    Print                       '每输出一行星号后进行换行输出
    i = i + 1
  Wend
End Sub
```

（4）调试运行。保存后调试运行，调试完毕后生成 EXE 文件。

【实训 8.2】 找出所有的"水仙花数"。所谓水仙花数，是指一个三位数，它的各位数字的立方和等于它本身。例如：$371 = 3^3 + 7^3 + 1^3$。

水仙花数是一个三位数，所以循环的初值和终值可以分别确定为 100 和 999。循环体内容为将数的百位、十位、个位数字分别求出，然后判断其立方和与该数字是否相等，若相等则为水仙花数，打印输出。本例循环的初值终值都是可以确定的，故完全可以用 For 格式实现，但是本实训采用 Do Loop 格式进行实现。

（1）界面设计。启动 VB，新建一个工程，窗体 Form1 上无须添加其他控件。

（2）设置属性。本题未添加控件，没有需要设置的属性。

（3）编写代码如下。

```
Private Sub Form_Click()
  Dim i As Integer                '控制变量，所遍历的数字
  Dim a As Integer                '百位
  Dim b As Integer                '十位
  Dim c As Integer                '个位
  i = 100
  Do While i <= 999               '循环
    a = i \ 100                   '计算百位
    b = (i - a * 100) \ 10        '计算十位
    c = i Mod 10                  '计算个位
    If a ^ 3 + b ^ 3 + c ^ 3 = i Then '判断当前数字是不是水仙花数
```

```
        Print i                          '如果是水仙花数，则在窗体上打印输出
    End If
    i = i + 1
  Loop
End Sub
```

（4）调试运行。保存后调试运行，调试完毕后生成 EXE 文件。

【实训 8.3】 编程求解"百鸡问题"。公元前 5 世纪，我国数学家张丘建在《算经》一书中提出了"百鸡问题"：鸡翁一值钱五，鸡母一值钱三，鸡雏三值钱一，百钱买百鸡，问鸡翁、鸡母、鸡雏各几何？

 100 钱如果只买鸡翁，则最多买 20 只，同理鸡母不会超过 34 只。此题设买了鸡翁 x 只，鸡母 y 只，则买的鸡雏为（$100-x-y$）只。采用 3 重循环嵌套，第 1 层循环对应鸡翁，第 2 层循环对应鸡母，第 3 层循环对应鸡雏。因为鸡雏是每三只一钱，所以在实现时需要注意避免小数。

（1）界面设计。启动 VB，新建一个工程，窗体 Form1 上无须添加其他控件。

（2）设置属性。本题未添加控件，没有需要设置的属性。

（3）编写代码如下。

```
Private Sub Form_Click()
  Dim x As Integer              '鸡翁数量
  Dim y As Integer              '鸡母数量
  Dim z As Integer              '鸡雏数量
  For x = 0 To 20               '第1层循环，鸡翁
    For y = 0 To 33             '第2层循环，鸡母
      For z = 0 To 100 - x - y        '第3层循环，鸡雏
        '判断是否能够百钱买百鸡
        If x + y + z = 100 And 5 * x * 3 + 3 * y * 3 + z = 100 * 3 Then
          '将符合百钱百鸡的鸡翁、鸡母、鸡雏数量进行输出显示
          Print "鸡翁"; x; "只，鸡母"; y; "只，鸡雏"; z; "只"
        End If
      Next z
    Next y
  Next x
End Sub
```

（4）调试运行。保存后调试运行，调试完毕后生成 EXE 文件。

五、习题与思考

1. 调试运行下面的程序：用键盘输入学生分数，统计学生总人数和各分数段人数。

```
'       即优秀（90~100）、良好（80~89）、中等（70~79）、
'       及格（60~69）、不及格（60 以下）的人数。
'请在【 】处填入正确的内容
```

```
'---------------------------------------------------------
Private Sub Form_Click()
Dim score%, n1%, n2%, n3%, n4%, n5%
msg = "请输入分数（-1 结束）"
msgtitile = "输入数据"
score = Val(InputBox(msg, msgtitle))
'**********SPACE**********
While 【?】
  total = total + 1
'**********SPACE**********
  Select Case 【?】
  Case Is >= 90
    n1 = n1 + 1
  Case Is >= 80
    n2 = n2 + 1
  Case Is >= 70
    n3 = n3 + 1
  Case Is >= 60
    n4 = n4 + 1
  Case Else
    n5 = n5 + 1
'**********SPACE**********
  【?】
score = Val(InputBox(msg, msgtitle))
Wend
Print n1, n2, n3, n4, n5,total
End Sub
```

2. 调试运行下面的程序：程序输出结果为“n=3　x=42　y=9”。

```
'请在【】处填入正确的内容
'---------------------------------------------------------
'

Private Sub Command1_Click()
  Dim n, x, y As Integer
  '**********SPACE**********
  n = 0: x = 【?】: y = 0
  Do While x < 20
  '**********SPACE**********
    n = n 【?】
    y = x + y
    x = x * (x + 1)
  '**********SPACE**********
```

```
   【?】
   Form1.Print "n=" & Str(n)
   Form1.Print "x=" & Str(x)
   Form1.Print "y=" & Str(y)
End Sub
```

3. 调试运行下面的程序：从键盘上输入一串字符，以 "?" 结束，分别统计输入字符中的大、小写字母和数字的个数。

```
'请在【 】处填入正确的内容
'-------------------------------------------------------
Private Sub Form_Click()
Dim ch$, n1%, n2%, n3%
n1 = 0
n2 = 0
n3 = 0
ch = InputBox("请输入一个字符")
'***********SPACE**********
While 【?】
  Select Case ch
    Case "a" To "z"
      n1 = n1 + 1
'***********SPACE**********
    Case 【?】
      n2 = n2 + 1
    Case "0" To "9"
      n3 = n3 + 1
  End Select
ch = InputBox("请输入一个字符")
'***********SPACE**********
【?】
Print n1, n2, n3
End Sub
```

4. 调试运行下面的程序：本程序将文本框 txtInput 输入的一行字符串中的所有字母加密，加密结果在文本框 txtCode 中显示。加密方法如下：将每个字母的序号移动 5 个位置，即 "A" → "F"，"a" → "f"，"B" → "G" … "Y" → "D"，"Z" → "E"。

```
'请在【 】处填入正确的内容
'-------------------------------------------------------
Private Sub Form_Click()
  Dim strInput As String * 70    '输入字符串
  Dim Code As String * 70        '加密结果
  Dim strTemp As String * 1      '当前处理的字符
  Dim i As Integer
```

```
Dim Length As Integer              '字符串长度
Dim iAsc As Integer                '第 i 个字 Ascii 码
'**********SPACE**********
      【？】                          '取字符串
i = 1
Code = ""
'**********SPACE**********
【？】                                '去掉字符串右边的空格，求真正的长度
 Do While (i <= Length)
   '**********SPACE**********
    【？】                             '取第 i 个字符
    If (strTemp >= "A" And strTemp <= "Z") Then
       iAsc = Asc(strTemp) + 5
       If iAsc > Asc("Z") Then iAsc = iAsc - 26
          Code = Left$(Code, i - 1) + Chr$(iAsc)
       ElseIf (strTemp >= "a" And strTemp <= "z") Then
          iAsc = Asc(strTemp) + 5
       If iAsc > Asc("z") Then iAsc = iAsc - 26
          Code = Left$(Code, i - 1) + Chr$(iAsc)
       Else
          Code = Left$(Code, i - 1) + strTemp
    End If
    i = i + 1
  Loop
  '**********SPACE**********
   【？】                              '显示加密结果
End Sub
```

5. 马克思曾经做过这样一道趣味数学题：有 30 个人在一家小饭馆里用餐，其中有男人、女人和小孩。每个男人花了 3 先令，每个女人花了 2 先令，每个小孩花了 1 先令，一共花去 50 先令。问男人、女人以及小孩各有几人？试编写程序求解。

图 8-5　程序输出界面

6. 编程实现：产生 m 个 100～1000 的随机整数，求出其中的最大素数和最小素数。

7. 有一只猴子摘了很多桃子，第 1 天它吃了一半，然后又多吃了一个。第 2 天又将剩下的桃子吃了一半，又多吃了一个。以后每天都吃了前一天剩下的一半零一个。到第 10 天再想吃时，它发现只剩下一个桃子了。编程算出这只猴子最初摘了多少个桃子。

8. 编程计算 $s = 1 + 2 + 2^2 + 2^3 + \cdots$ 直至 s 超过 1016 为止。

9. 编写程序：随机生成 10 个整数，求出其中最大两个偶数的最大公约数。

10. 编程实现搬砖问题。有 36 块砖，有 36 人搬，男人搬 4 块，女人搬 3 块，2 个小孩抬 1 块，要求一次全搬完，问需要男人、女人、小孩各多少人？

11. 编写程序：程序输出界面如图 8-5 所示。

实验 9
常用控件及多窗体（一）

一、实验目的

学习并掌握图片框与图像框、定时器、单选钮与复选框、容器与框架的使用。

二、实验内容及步骤

【例9.1】 在窗体上创建1个图片框、3个命令按钮，程序界面如图9-1所示。程序运行后，单击"加载图片"按钮，可以在图片框中显示任意一幅指定的图片；单击"清除图片"按钮清空图片框；单击"显示全部"按钮，可以显示完整的图片。

图9-1 程序界面

 程序初始时，应把 Picture1 的 AutoSize 属性设置为 False。如果要显示全部图片，可以设置 Picture1.AutoSize = True。

设计步骤如下。

（1）设计用户界面：新建工程，按照表9-1列出的内容，添加控件并设置属性。

表9-1 对象属性设置

对 象	属 性	设 置
Form1	Caption	图片框练习
Picture1	AutoSize	False
	Left	0
	Top	0

对　象	属　性	设　置
Command1	Caption	加载图片
Command2	Caption	清除图片
Command3	Caption	显示全部

（2）双击"加载图片"按钮进入代码编辑窗口，编写 Click 事件过程，代码如下。

```
Private Sub Command1_Click()
  Picture1.Picture = LoadPicture("F:\VB\btqs.jpg")
End Sub
```

（3）双击"清除图片"按钮进入代码编辑窗口，编写 Click 事件过程，代码如下。

```
Private Sub Command2_Click()
  Picture1.Picture = LoadPicture()
End Sub
```

（4）双击"显示全部"按钮进入代码编辑窗口，编写 Click 事件过程，代码如下。

```
Private Sub Command3_Click()
  Picture1.AutoSize = True
End Sub
```

（5）保存工程。

上机实验时，可以通过查找文件的方法找到一个图片文件，参照上面代码的格式输入即可。

【例 9.2】　在窗体上添加两个标签 Label1、Label2 和一个定时器 Timer1，程序运行后，将显示一个色彩变化的电子表，可以显示当前的系统日期和时间。运行效果如图 9-2 所示。

图 9-2　运行效果

可以通过 RGB(red, green, blue)函数来动态改变字体的颜色。

设计步骤如下。
（1）设计用户界面：新建工程，按照表 9-2 列出的内容，添加控件并设置属性。

表 9-2　对象属性设置

对　象	属　性	设　置
Form1	Caption	定时器练习
Label1	Caption	多彩电子表

对　象	属　性	设　置
Label1	Font	宋体 小二号 粗体
Label2	Caption	空
	Font	宋体 一号
	BorderStyle	1-Fixed Single
	Left	120
	Top	720
	Width	4650
Timer1	Interval	1000

（2）双击定时器 Timer1 图标进入代码编辑窗口，编写 Timer1_Timer( )事件过程，代码如下。

```
Private Sub Timer1_Timer()
  Label1.Caption = Now
  red = Int(Rnd * 255)
  green = Int(Rnd * 255)
  blue = Int(Rnd * 255)
  Label1.ForeColor = RGB(red, green, blue)
End Sub
```

（3）保存工程。

【例 9.3】　设计英语四六级报名程序，运行界面如图 9-3 所示。

图 9-3　运行界面

可以分别判断 3 个框架中的选择情况，降低编程难度。

设计步骤如下。

（1）设计用户界面：新建工程，按照表 9-3 列出的内容，添加控件并设置属性。

表 9-3　对象属性设置

对　象	属　性	设　置
Form1	Caption	英语四六级报名
Frame1	Caption	报考等级
Frame2	Caption	交费

对　象	属　性	设　置
Frame3	Caption	选项
Option1	Caption	CET4
Option2	Caption	CET6
Option3	Caption	已交费
Option4	Caption	未交费
Check1	Caption	辅导材料
Check2	Caption	辅导班
Label1	Caption	姓名
Text1	Text	空
Text2	Text	空
Command1	Caption	报名

（2）双击"报名"按钮，进入代码编辑界面，添加 Command1_Click()事件过程，代码如下。

```
Private Sub Command1_Click()
 Dim show$, grade$, cost$, op$
 show = Text1.Text & ":"
 If Option1.Value = True Then
   show = show & Option1.Caption & ","
 Else
   show = show & Option2.Caption & ","
 End If
 If Option3.Value = True Then
   show = show & Option3.Caption & "。"
 Else
   show = show & Option4.Caption & "。"
 End If
 If Check1.Value = 1 Then
   show = show & "选择了" & Check1.Caption
   If Check2.Value = 1 Then show = show & "、" & Check2.Caption
 Else
   If Check2.Value = 1 Then show = show & "选择了" & Check2.Caption
 End If
 Text2.Text = show
End Sub
```

（3）保存工程。

三、实训

【实训 9.1】　窗体中包含一组单选钮、一组复选框。单选钮包括粗体、斜体和粗斜体；

复选框包括删除线和下划线。程序运行后，文本框中的文字受单选钮、复选框的控制。运行效果如图 9-4 所示。

图 9-4　运行效果

设计步骤如下。

（1）设计用户界面：新建工程，按照表 9-4 列出的内容，添加控件并设置属性。

表 9-4　　对象属性设置

对象	属性	设置
Text1	Font	宋体 三号
	Text	练习框架、单选钮和复选框
Frame1	Caption	字形
Frame2	Caption	效果
Option1	Caption	粗体
Option2	Caption	斜体
Option3	Caption	粗斜体
Check1	Caption	删除线
Check2	Caption	下画线
Command1	Caption	退出

（2）双击"退出"按钮进入代码编辑窗口，编辑 Click 事件，代码如下。

```
Private Sub Command1_Click()
  End
End Sub
```

（3）添加"粗体"单选钮的 Click 事件过程，代码如下。

```
Private Sub Option1_Click()
  Text1.FontBold = True
  Text1.FontItalic = False
End Sub
```

（4）添加"斜体"单选钮的 Click 事件过程，代码如下。

```
Private Sub Option2_Click()
  Text1.FontItalic = True
  Text1.FontBold = False
End Sub
```

（5）添加"粗斜体"单选钮的 Click 事件过程，代码如下。

```
Private Sub Option3_Click()
  Text1.FontBold = True
  Text1.FontItalic = True
End Sub
```

（6）添加"删除线"复选框的 Click 事件过程，代码如下。

```
Private Sub Check1_Click()
  Text1.FontStrikethru = Not Text1.FontStrikethru
End Sub
```

（7）添加"下划线"复选框的 Click 事件过程，代码如下。

```
Private Sub Check2_Click()
  Text1.FontUnderline = Not Text1.FontUnderline
End Sub
```

【实训 9.2】 窗体中包含一组单选钮、一组复选框。单选钮包括宋体和黑体；复选框包括下划线和斜体。程序运行时，用户选择一个单选钮和至少一个复选框，单击"确定"按钮，对文本框中的文字进行控制。程序运行效果如图 9-5 所示。

设计步骤如下。

（1）设计用户界面：新建工程，按照表 9-5 列出的内容，添加控件并设置属性。

图 9-5　程序运行效果

表 9-5　　对象属性设置

对　　象	属　　性	设　　置
Text1	Font	宋体 小三
	Text	大学时代
Frame1	Caption	字体
Frame2	Caption	修饰
Option1	Caption	宋体
Option2	Caption	黑体
Check1	Caption	下画线
Check2	Caption	斜体
Command1	Caption	确定

（2）双击"确定"按钮进入代码编辑窗口，编辑 Command1_Click 事件，代码如下。

```
Private Sub Command1_Click()
  If Option1.Value = True Then Text1.FontName = "宋体"
  If Option2.Value = True Then Text1.FontName = "黑体"
  If Check1.Value = 1 Then
    Text1.FontUnderline = True
  Else
```

```
    Text1.FontUnderline = False
  End If
  If Check2.Value = 1 Then
    Text1.FontItalic = True
  Else
    Text1.FontItalic = False
  End If
End Sub
```

四、习题与思考

1. 设计一个简易四则运算器,程序运行界面如图 9-6 所示。程序运行后,单击"计算"按钮,可以按照用户选择的运算符计算出两个运算数的运算结果。如果计算结果需要四舍五入取整,则可以在计算前选择"四舍五入取整"复选框。

2. 已知 Shape 控件的 Shape 属性共有 6 种形状(即 Shape 属性的取值为 0～5)。设计程序,利用定时器 Timer 和 Shape 控件,实现不停地循环变化 Shape 控件的 6 种形状,变化间隔时间为 1s。

3. 设计程序,程序运行界面如图 9-7 所示,通过组合框改变文本框的对齐方式。

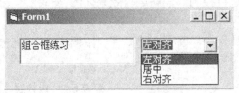

图 9-6　程序运行界面　　　　　图 9-7　程序运行界面

4. 设计程序,窗体上包含两个图片框 Picture1 和 Picture2,分别显示两幅不同的图片。每单击一次窗体,就能够交换一次这两幅图片。

5. 设计程序,窗体包含一个文本框、两个命令按钮和一个定时器。程序运行时,单击"开始计数"按钮,每隔 1s,文本框中的数加 1;单击"停止计数"按钮,则停止计数。

6. 设计程序,窗体中包含两个标签、两个文本框、两组单选钮,如图 9-8 所示。程序运行后,可以根据用户的选择在文本框中显示出 CPU 和操作系统的类别。

7. 设计程序,利用定时器和图片框,将一组系列图片做成循环播放的动画效果。

8. 设计程序,窗体中包含 3 组单选钮,界面如图 9-9 所示。程序运行后,如果选择"英语"单选钮,则"日语等级"框架内的单选钮无法选择,只能选择"英语等级"中的单选钮;同样地,如果选择"日语"单选钮,则"英语等级"无法选择,只能选择"日语等级"。

图 9-8　程序运行界面　　　　　图 9-9　程序运行界面

PART 10

实验 10
常用控件及多窗体（二）

一、实验目的

学习并掌握列表框、组合框、滚动条与多窗体的使用。

二、实验内容及步骤

【例 10.1】　设计一个能够选修、删除和清空公共选修课的程序。程序初始时，"选修"、"删除"和"清空"按钮处于失效状态（即不起作用）。只有学生选择一门公选课后，才能使用"选修"按钮将选择的课程添加到列表框 2 中；相应地，只有学生选择了一门已选课程，才能使用"删除"按钮删除所选课程。程序运行界面如图 10-1 所示。

图 10-1　程序运行界面

通过观察程序的运行界面（见图 10-1），可以在 Form_Load( )事件过程中添加列表框 List1 中的选项列表。在程序的实际使用中，还要考虑"选修"、"删除"、"清空" 3 个命令按钮在不同的状态下是否有效的问题。具体处理办法可以参考程序代码中的注释部分。

设计步骤如下。

（1）设计用户界面：新建工程，按照表 10-1 列出的内容，添加控件并设置属性。

表 10-1　对象属性设置

对　象	属　性	设　置
Form1	Caption	公共选修课
Label1	Caption	开设的公选课
	AutoSize	True
	Font	宋体 小四

对　象	属　性	设　置
Label2	Caption	你所选的课程
	AutoSize	True
	Font	宋体 小四
List1	Font	小五
List2	Font	小五
Command1	Caption	选修 >>
	Enabled	False
Command2	Caption	<< 删除
	Enabled	False
Command3	Caption	清空
	Enabled	False

（2）双击窗体进入代码编辑窗口，编辑 Form_Load( )事件过程，代码如下。

```
Private Sub Form_Load()
  List1.AddItem "证券投资"
  List1.AddItem "摄影技术与实践"
  List1.AddItem "市场营销"
  List1.AddItem "汽车文化"
  List1.AddItem "多媒体技术"
  List1.AddItem "计算机绘图"
  List1.AddItem "FLASH 动画制作"
  List1.AddItem "新闻采访与写作"
  List1.AddItem "公共关系学"
  List1.AddItem "交通与环境"
  List1.AddItem "CAXA 实体设计"
  List1.AddItem "PB 数据库开发"
End Sub
```

（3）双击列表框 List1，添加 List1_Click( )事件过程，代码如下。

```
Private Sub List1_Click()
  If List1.ListIndex <> -1 Then  '如果没选课程，"选修" 按钮不能使用
    Command1.Enabled = True
  Else
    Command1.Enabled = False
  End If
End Sub
```

（4）双击列表框 List2，添加 List2_Click( )事件过程，代码如下。

```
Private Sub List2_Click()
```

```
If List1.ListIndex <> -1 Then   '如果没选课程，"删除"按钮不能使用
  Command2.Enabled = True
Else
  Command2.Enabled = False
End If
End Sub
```

（5）双击"选修"按钮，添加 Command1_Click()事件过程，代码如下。

```
Private Sub Command1_Click()
 List2.AddItem List1.Text
 '只有 List2 中有了课程，才能使用"清空"按钮，否则"清空"按钮失效
 If List2.ListCount <> 0 Then
   Command3.Enabled = True
 Else
   Command3.Enabled = False
 End If
End Sub
```

（6）双击"删除"按钮，添加 Command2_Click()事件过程，代码如下。

```
Private Sub Command2_Click()
 List2.RemoveItem List2.ListIndex
 '如果 List2 为空，则禁用"删除"按钮
 If List2.ListIndex = -1 Then Command2.Enabled = False
 '如果 List2 为空，则禁用"清空"按钮
 If List2.ListCount = 0 Then Command3.Enabled = False
End Sub
```

（7）双击"清空"按钮，添加 Command3_Click()事件过程，代码如下。

```
Private Sub Command3_Click()
 List2.Clear
 Command2.Enabled = False     '清空 List2 后，禁用"删除"按钮
 Command3.Enabled = False     '清空 List2 后，禁用"清空"按钮
End Sub
```

【例 10.2】 设计一个程序，能够通过水平和垂直滚动条控制形状（Shape）控件的宽度和高度，程序运行界面如图 10-2 所示。

 可以利用滚动条的取值来改变 Shape 的高度和宽度。

设计步骤如下。
（1）设计用户界面：新建工程，按照表 10-2 列出的内容，添加控件并设置属性。

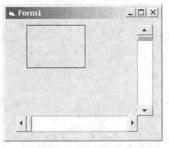

图 10-2 程序运行界面

表 10-2 对象属性设置

对象	属性	设置
Shape1	Shape	0-Rectangle
	Height	975
	Width	1335
HScroll1	Max	2000
	Min	100
	LargeChange	40
	SmallChange	10
VScroll1	Max	2000
	Min	100
	LargeChange	40
	SmallChange	10

（2）双击水平滚动条 HScroll1 进入代码编辑窗口，编写 HScroll1_Change()事件过程，代码如下。

```
Private Sub HScroll1_Change()
  Shape1.Width = HScroll1.Value
End Sub
```

（3）双击水平滚动条 VScroll1 进入代码编辑窗口，编写 VScroll1_Change()事件过程，代码如下。

```
Private Sub VScroll1_Change()
  Shape1.Height = VScroll1.Value
End Sub
```

三、实训

【实训 10.1】 在窗体上画一个列表框，通过属性窗口向列表框中添加 4 个项目，分别为"AAAA"、"BBBB"、"CCCC"、"DDDD"，编写适当的事件过程，程序运行后，如果单击列表框中的某一项，则该项从列表框中消失。程序运行界面如图 10-3 所示。

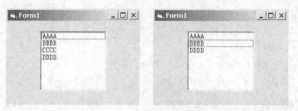

图 10-3　程序运行界面

设计步骤如下。

（1）在窗体上添加一个列表框 List1，在属性窗口里选择 List1 的 List 属性，分别添加 "AAAA"、"BBBB"、"CCCC"、"DDDD"。

（2）双击 List1 进入代码编辑窗口，编写 List1_Click( )事件过程，代码如下。

```
Private Sub List1_Click()
  If List1.ListIndex <> -1 Then List1.RemoveItem List1.ListIndex
End Sub
```

【实训 10.2】　用组合框、水平滚动条、文本框、标签等控件设计程序，运行界面如图 10-4 所示。组合框中可以选择的字体有"黑体"、"宋体"、"隶书"和"幼圆"。文本框的内容为"天晴了!"，其字体可以通过组合框控制，字号可以通过水平滚动条来改变，同时把字号的大小通过标签显示出来。

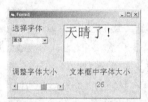

图 10-4　程序运行界面

设计步骤如下。

（1）设计用户界面：新建工程，按照表 10-3 列出的内容，添加控件并设置属性。

表 10-3　对象属性设置

对　　象	属　　性	设　　置
Label1	Caption	选择字体
Label2	Caption	调整字体大小
Label3	Caption	文本框中字体大小
Label4	Caption	空
Text1	Text	天晴了!
Combo1	Text	空
HScroll1	Max	36
	Min	6
HScroll1	LargeChange	6
	SmallChange	1

（2）双击窗体进入代码编辑窗口，编写 Form_Load( )事件过程，代码如下。

```
Private Sub Form_Load()
  Combo1.AddItem "黑体"
  Combo1.AddItem "宋体"
  Combo1.AddItem "隶书"
  Combo1.AddItem "幼圆"
  Combo1.Text = Combo1.List(0)
End Sub
```

（3）双击组合框 Combo1 进入代码编辑窗口，编写 Combo1_Click( )事件过程，代码如下。

```
Private Sub Combo1_Click()
  Text1.FontName = Combo1.Text
End Sub
```

（4）双击水平滚动条 HScroll1 进入代码编辑窗口，编写 HScroll1_Change( )事件过程，代码如下。

```
Private Sub HScroll1_Change()
  Text1.FontSize = HScroll1.Value
  Label4.Caption = HScroll1.Value
End Sub
```

【实训 10.3】 设计一个程序，运行界面如图 10-5 所示。在窗体上建立 1 个组合框 Combo1，画 1 个文本框 Text1 和 3 个命令按钮，标题分别为"修改"、"确定"和"添加"。程序启动后，"确定"按钮不可用。如果选中组合框中的一个列表框中的一项，单击"修改"按钮则把该项复制到 Text1 中（可在 Text1 中修改），并使"确定"按钮可用；若单击"确定"按钮，则把修改后的 Text1 中的内容替换组合框中该列表项的原有内容，同时使"确定"按钮不可用；若单击"添加"按钮，则把在 Text1 中的内容添加到组合框中。

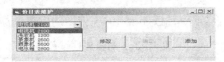

图 10-5　程序运行界面

设计步骤如下。

（1）编写 Form_Load( )事件过程，代码如下。

```
Private Sub Form_Load()
  Combo1.AddItem "电视机 2100"
  Combo1.AddItem "洗衣机 1200"
  Combo1.AddItem "录像机 2600"
  Combo1.AddItem "摄像机 5600"
  Combo1.AddItem "电冰箱 2800"
  Combo1.Text = Combo1.List(0)
  Command2.Enabled = False
End Sub
```

（2）编写"修改"按钮的单击事件过程，代码如下。

```
Private Sub Command1_Click()
  Text1.Text = Combo1.Text
  Command2.Enabled = True
End Sub
```

（3）编写"确定"按钮的单击事件过程，代码如下。

```
Private Sub Command2_Click()
  Combo1.List(Combo1.ListIndex) = Text1.Text
  Text1.Text = ""
  Command2.Enabled = False
End Sub
```

（4）编写"添加"按钮的单击事件过程，代码如下。

```
Private Sub Command3_Click()
  If Text1.Text <> "" Then
    Combo1.AddItem Text1.Text
    Text1.Text = ""
    Command2.Enabled=False
  End If
End Sub
```

四、习题与思考

1. 简述列表框与文本框的区别。

2. 设计一个邮资计算程序，程序运行界面如图 10-6 所示。信函费用按照信函业务、方向、重量和数量为标准进行计算，单价可以自行设置。

3. 设计一个程序，运行界面如图 10-7 所示。运行时，首先在"可选择的运动项目"对应的列表框中显示全部的运动项目。单击">"按钮把左侧列表框中选中的一个或多个字体名称移动到右侧列表框中，同时删除左侧列表框中相应的项目。单击">>"按钮把左侧所有的项目添加到右侧列表框，并清空左侧的列表框。同样，单击"<"和"<<"按钮，把右侧列表框中选中的项目添加到左侧列表框中。

4. 创建一个工程，该工程包括两个窗体，其名称分别为 Form1 和 Form2，启动窗体为 Form1。在 Form1 中添加两个命令按钮 Command1 和 Command2。程序运行后，当单击命令按钮 Command1 时，Form1 窗体隐藏，显示窗体 Form2；当单击命令按钮 Command2 时，以"模式窗体"方式显示 Form2。

图 10-6　程序运行界面

图 10-7　程序运行界面

5. 设计程序，窗体上包含 1 个标签 L1；3 个单选按钮，分别为 Op1、Op2、Op3，标题依次为 "篮球"、"足球"、"乒乓球"，还有一个名称为 Text1 的文本框。程序运行时单击 "篮球" 和 "足球" 单选按钮时，在 Text1 中显示 "我喜欢篮球" 或 "我喜欢足球"；单击 "乒乓球" 单选按钮时，在 Text1 中显示 "我擅长乒乓球"。

6. 设计一个程序，界面如图 10-8 所示。程序运行时，可以用水平滚动条来调整定时器的时间间隔，从而改变定时器计时的快慢速度。单击 "开始" 按钮，定时器开始工作，并在标签上显示当前日期和时间，而且每隔一定的时间间隔就刷新一次。单击 "停止" 按钮，则定时器将停止工作，标签上的时间不再刷新。

7. 设计一个调色板程序，界面如图 10-9 所示。通过 3 个滚动条分别控制红色、绿色、蓝色的浓度，并把当前 3 种颜色的值显示在滚动条的右侧，最终的颜色显示在颜色标签中。

图 10-8　程序运行界面

图 10-9　程序运行界面

使用 RGB(r,g,b) 函数来生成颜色。

8. 编写程序，生成 n 组 22 选 5 的彩票码组，每组由各不相同的 5 个数码组成，且每个数码只能取 1～22 的数字，程序运行界面如图 10-10 所示。在文本框 Text1 中输入 n 的值，单击 "生成" 按钮，在列表框 List1 中显示结果；单击 "清除" 按钮，则将文本框及列表框清空，焦点设置在文本框；单击 "退出" 按钮，结束程序运行。

图 10-10　程序运行界面

PART 11

一、实验目的

1. 熟练掌握一维数组的声明方法。
2. 熟练掌握一维数组的输入与输出操作。
3. 掌握一维数组的排序问题。
4. 掌握一维数组的最大值与最小值问题。
5. 掌握一维数组元素的查找定位问题。

二、重点与难点

1. 重点是熟练掌握一维数组的声明方法，一维数组的输入、输出操作方法。
2. 难点是掌握一维数组的常用算法及其应用。

三、实验内容及步骤

【例 11.1】　解释下列 3 个句子的含义，说明它们的名称、长度、数据类型。

数组必须先声明后使用，主要声明数组名、类型、维数、数组大小。

（1）Dim　a (1 to 50)　As Integer

该语句声明了一个包含 50 个数组元素的一维定长数组，数组的名字为 a，类型为整型，共有 50 个元素，下标范围为 1~50；数组的各元素是 a(1)，a(2)，a(3)，…，a(50)；a(i)表示由下标 i 值决定是哪一个元素。

（2）Dim　Y(100)　As　Integer, S (−5 to 8)　As String*6

该语句声明了一个 Y 数组、整型 、有 101 个元素，下标的范围 0~100。同时还声明了一维数组 S、字符串类型、有 14 个元素，下标的范围−5~8，每个元素最多存放 6 个字符。

（3）Option base 1　　　　'放置在通用声明处

```
Dim x(10) as Integer
```

上述两句代码声明了一个 X 数组、整型，有 x(1)，x(2)，…，x(10)共 10 个元素。

【例 11.2】 任意输入 9 个整数，然后按每行 3 个元素输出一个 3×3 矩阵。

 一维数组的输入（赋值）通常用 For 循环和 Inputbox 语句来实现，输出一般用 For 循环和 Print 方法。

设计步骤：在代码窗口输入如下程序代码。

```
Option Base 1
Private Sub Command1_Click()
    Dim a(9) As Integer, i%              '声明数组变量 a(9),循环变量 i
    For i = 1 To 9
        a(i) = InputBox("请输入整数")     '给数组变量赋值
    Next i
    For i = 1 To 9
        Print a(i);                      '在窗体上输出各个数组元素
        If i Mod 3 = 0 Then Print        '如果 i 能被 3 整除,换行
    Next i
End Sub
```

另解：利用 Array( )函数给数组进行赋值也很简便，但必须将数组定义为 Variant 类型。语句格式为：数组名=Array（数组元素值）。

```
Option Base 1
Private Sub Command1_Click()
Dim a As Variant, i%
a = Array(23, 87, 12, 96, 35, 79, 45, 78, 99)  '给数组 a 赋值
For i = 1 To 9
    Print a(i);                                 '在窗体上输出各个数组元素
    If i Mod 3 = 0 Then Print
Next i
End Sub
```

【例 11.3】 随机产生 10 个两位数的整数，赋给数组 a，输出数组 a，然后求各元素之和。

 利用随机函数 Rnd( )和 For 循环，建立任意整数数组非常方便。

设计步骤：在代码窗口输入如下程序代码。

```
Option Base 1                    '放置在通用声明处
Private Sub Form_Click()
  Dim a(10) As Integer, s!, i%
  Randomize
  For i = 1 To 10                '随机产生 10 个两位数的随机整数赋给 a 数组
    a(i) = Int(Rnd * 90 + 10)
    Print a(i);                  '输出 a 数组
```

```
    Next i
    Print
    s = 0
    For i = 1 To 10
      s = s + a(i)                    '求累加和
    Next i
    Print "s="; s
End Sub
```

【**例 11.4**】 随机产生 10 个两位整数，求平均值，并找出其中最大值及其下标。

 分析：该问题可以分为三步处理，一是产生 10 个随机整数，并保存到一维数组中；二是对这 10 个整数求平均值，三是找出这 10 个整数中的最大值。

设计步骤：在代码窗口输入如下程序代码。

```
Option Base 1
Private Sub Command1_Click()
Dim a(10) As Integer, i%,aver%, n%, max%
    aver = 0
    Randomize
    Print "产生的随机数为:"
    For i = 1 To 10
      a(i) = Int(Rnd * 90) + 10
      Print a(i);
      aver = aver + a(i)
    Next i
    Print
    Print
    aver = aver / 10
    Print "平均值为:"; aver
    Print
    max = a(1)
    For i = 2 To 10
      If a(i) > max Then
        max = a(i)
        n = i
      End If
    Next i
    Print "最大值为:"; max, "n="; n
End Sub
```

程序运行结果如图 11-1 所示。

图 11-1　程序运行结果

【例 11.5】　编写程序，随机产生 10 个整数，先调换数组元素的位置，再把这 10 个整数输出。

这是一个逆序输出问题，可以按照以下三步完成程序编写：一是产生 10 个随机整数，并保存到一维数组中；二是对这 10 个整数交换位置次序；三是按新次序输出。

设计步骤：在代码窗口输入如下程序代码。

```
Private Sub Command1_Click()
  Dim a(1 To 10) As Integer, i%
  Randomize
  Print "产生的随机数为:"
  For i = 1 To 10               '产生并输出数组
    a(i) = Int(Rnd * 90) + 10
    Print a(i);
  Next i
  For i = 1 To 10 \ 2           '交换顺序
    t = a(i)
    a(i) = a(10 - i + 1)
    a(10 - i + 1) = t
  Next i
  Print
  Print "逆序输出为:"
  For i = 1 To 10
    Print a(i);
  Next i
End Sub
```

程序运行结果如图 11-2 所示。

图 11-2　程序运行结果

四、实训

【实训 11.1】　随机产生 10 个两位整数，求这 10 个整数的最大值、最小值以及平均值。

此题目可按照以下 3 个步骤完成，一是定义数组变量 a(i)，并利用 For 循环和 Rnd 函数给 a(i)赋值，先求出数组元素累加和，然后计算平均值 *aver*，并在窗体上输出；二是给最大值 *max* 任意赋值，然后与另外 9 个数组元素进行比较，找出 *max* 并在窗体上输出；三是给最小值 *min* 任意赋值，然后与另外 9 个数组元素进行比较，找出 *min* 并在窗体上输出。

设计步骤：在代码窗口输入如下程序代码。

```
Option Base 1
Private Sub Command1_Click()
Dim a(10) As Integer, i%, aver%
Dim max%, min%, m%, n%
aver = 0
Randomize
Print "产生的随机数为:"
For i = 1 To 10
    a(i) = Int(Rnd * 90) + 10
    Print a(i);
    aver = aver + a(i)
Next i
Print
Print
aver = aver / 10
Print "平均值为:"; aver
Print
max = a(1)
For i = 2 To 10
    If a(i) > max Then
    max = a(i)
    m = i
    End If
Next i
Print "最大值为:"; max, "位置m="; m
Print
min = a(10)
For i = 1 To 9
    If a(i) < min Then
    min = a(i)
    n = i
    End If
Next i
Print "最小值为:"; min, "位置n="; n
End Sub
```

程序运行结果如图 11-3 所示。

图 11-3　程序运行结果

五、习题与思考

1. 用语句 Dim A(-3 To 5) As Integer 所定义的数组的元素个数是_____。

   A. 6　　　　　B. 7　　　　　　C. 8　　　　　D. 9

2. 在窗体上画一个命令按钮（其 Name 属性为 Command1），然后编写如下代码。

```
Option Base 1
Private Sub Command1_Click()
    Dim a(10) As Integer, p(3) As Integer
    k = 5
    For i = 1 To 10
       a(i) = i
    Next i
    For i = 1 To 3
       p(i) = a(i * i)
    Next i
    For i = 1 To 3
       k = k + p(i) * 2
    Next i
    Print k
End Sub
```

程序运行后，单击命令按钮，输出结果是_____。

   A. 35　　　　　B. 28　　　　　C. 33　　　　　D. 37

3. 在窗体上画一个命令按钮（其 Name 属性为 Command1），然后编写如下代码。

```
Option Base 1
Private Sub Command1_Click()
   Dim M(10) As Integer
   For k = 1 To 10
   M(k) = 12 - k
   Next k
   X = 6
   Print M(2 + M(X))
End Sub
```

程序运行后，单击命令按钮，输出结果是_____。

A. 10   B. 8   C. 4   D. 12

4. 在窗体上添加一个命令按钮，然后编写如下代码。

```
Option Base 1
Private Sub Command1_Click()
    Dim a
    a = Array(1, 2, 3, 4,5,6)
    j = 1
    For i = 5 To 1 Step -1
        S = S + a(i) * j
        j = j * 10
    Next i
    Print S
End Sub
```

运行上面的程序，单击命令按钮，其输出结果是_____。

    A. 54321   B. 123456   C. 654321   D. 12345

5. 设有如下两组数据

    A. 2，8，7，6，4，28，70，25

    B. 79，27，32，41，57，66，78，80

编写一个程序，把上面两组数据分别读入两个数组中，然后把两个数组中对应下标的元素相加，即 2+79，8+27……25+80，并把相应的结果放入第三个数组中，最后输出第三个数组的值。

6. 编写程序，随机生成一个含有 10 个两位整数的一维数组 a(10)，计算 a(i)/i 得到新数组 b(10)，要求在窗体上输出 a(10)和 b(10)。

7. 编写程序，随机产生 7 门课成绩（1～100），存放在数组 score 中，在窗体上输出该 score 数组，然后按 5 分一个 "*" 输出各成绩对应的字符串。

实验 12
二维数组、可调数组和控件数组

一、实验目的

1. 加强理解二维数组、可调数组、控件数组等相关概念。
2. 熟练掌握二维数组的声明方法、二维数组的应用。
3. 掌握可调数组的声明方法、可调数组的应用。
4. 掌握控件数组的建立方法、控件数组的应用。
5. 掌握下标返回函数 Lbound( )和 Ubound( )的应用。

二、重点与难点

1. 重点是掌握二维数组、可调数组、控件数组的声明方法及其应用，以及下标返回函数 Lbound( )和 Ubound( )的应用。
2. 难点是利用二维数组解决矩阵、平面图形的输出问题，以及可调数组的分阶段声明与应用操作。

三、实验内容及步骤

【例 12.1】 编写程序，输出二维数组 a（1 to 10,1 to 5）的上、下界。

利用下标函数 Lbound（数组名，维数）和 Ubound（数组名，维数），可以返回定长数组的上、下界，也可以用来临时指定数组的上、下界。

设计步骤：在代码窗口输入如下程序代码。

```
Private Sub Form_Click()
    Dim a (1 To 10, 1 To 5)                '定义了一个二维数组
    Print LBound(a, 1), UBound(a, 1)       '得到该数组一维下标的上下界
    Print LBound(a, 2), UBound(a, 2)       '得到该数组二维下标的上下界
End Sub
```

【例 12.2】 编写程序，在 Picture1 中生成一个 5×5 方阵，其中 $a(i,j)=i*5+5$，使用这个

方阵中的数字在 Picture2 中输出一个倒三角形。

 首先定义二维数组 a(5, 5)，用双重 For 循环和 Print 方法计算 a(*i*, *j*)=*i**5+5，并在 Picture1 中输出；第二步是用双重 For 循环和 Print 方法在 Picture2 中输出倒三角形，这里要注意循环变量 *j* 的初值和终值。

设计步骤：在代码窗口输入如下程序代码。

```
Option Base 1
Private Sub Form_Click()
Dim a(5, 5) As Integer, i%, j%
For i = 1 To 5        '输出方阵
  For j = 1 To 5
    a(i, j) = i * 5 + 5
    Picture1.Print Tab(j * 4); a(i, j);
  Next j
    Picture1.Print
  Next i
  For i = 1 To 5           '输出倒三角形
    For j = i To 5
      Picture2.Print a(i, j);
    Next j
    Picture2.Print
  Next i
End Sub
```

程序运行结果如图 12-1 所示。

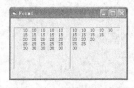

图 12-1　程序运行结果

【例 12.3】　有 *m* 个学生，*n* 门课程，编写程序求每个学生的总成绩和平均成绩。

 由于问题没有明确指定有多少名学生以及多少门课程，*m* 和 *n* 均为变量，所以本题无法使用定长数组计算学生总分和平均成绩，应该使用可调数组进行编程。

设计步骤：在代码窗口输入如下程序代码。

```
Private Sub Command1_Click()
Dim a%(), xm$(), sum%(), i%, j%,aver!
m = InputBox("输入学生人数 m（m>1）")
n = InputBox("输入课程门数 n（n>1）")
ReDim a(1 To m, 1 To n) As Integer
ReDim xm(1 To m) As String
```

```
ReDim sum(1 To m) As Integer
For i = 1 To m
   aver = 0
   xm(i) = InputBox("请输入学生姓名")
   Print xm(i);
   For j = 1 To n
     a(i, j) = InputBox("请输入学生成绩")
     aver = aver + a(i, j)
   Next j
   sum(i) = aver
   Print "学生总分="; sum(i);
   aver = aver / n
   Print "平均成绩="; aver;
   Print
Next i
End Sub
```

【例 12.4】 在窗体上建立一个包含 4 个按钮的控件数组 Command1，一个包含 5 个圆环的控件数组 Shape1，分别实现 "五环相连"、"彩色五环"、"运动五环"、"停止" 等功能。

控件数组共用同一个控件名称，共享同一事件过程，属性设置相似，可以用来处理一些烦琐的工作；控件数组中各个控件相当于普通数组中的各个元素，各个控件的 Index 属性相当于普通数组中的下标。此问题可以分 3 步骤解决，一是在窗体上建立 1 个 Command1 控件数组和 1 个 Shape1 控件数组，以及 1 个 Timer1 控件；二是编写单击命令按钮 Command1 的事件过程，分别实现相连五环、彩色五环、运动五环、停止等功能；三是编写 Timer1 控件的 Timer 事件过程，建立 Shape1 的 Move 方法。

设计步骤：在代码窗口输入如下程序代码。

```
Private Sub Command1_Click(Index As Integer)
    If Index = 0 Then
      Shape1(0).Left = 0: Shape1(0).Top = 720
      Shape1(1).Left = 480: Shape1(1).Top = 1200
      Shape1(2).Left = 960: Shape1(2).Top = 720
      Shape1(3).Left = 1440: Shape1(3).Top = 1200
      Shape1(4).Left = 1920: Shape1(4).Top = 720
    ElseIf Index = 1 Then
      Shape1(0).BorderColor = RGB(255, 0, 0)
      Shape1(1).BorderColor = RGB(0, 255, 0)
      Shape1(2).BorderColor = RGB(0, 0, 255)
      Shape1(3).BorderColor = RGB(0, 255, 255)
      Shape1(4).BorderColor = RGB(255, 255, 0)
    ElseIf Index = 2 Then
      Timer1.Enabled = True
```

```
    ElseIf Index = 3 Then
      Timer1.Enabled = False
    End If
    End Sub
    Private Sub Form_Load()
      Timer1.Enabled = False
      Timer1.Interval = 300
    End Sub
    Private Sub Timer1_Timer()
      x = 100
      Shape1(0).Move Shape1(0).Left + x
      Shape1(1).Move Shape1(1).Left + x
      Shape1(2).Move Shape1(2).Left + x
      Shape1(3).Move Shape1(3).Left + x
      Shape1(4).Move Shape1(4).Left + x
    End Sub
```

程序运行结果如图 12-2 所示。

四、实训

【实训 12.1】 编写程序，在窗体上输出杨辉三角，如图 12-3 所示。

图 12-2 程序运行结果

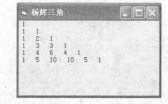

图 12-3 程序运行结果

 在杨辉三角的输出图形中可以看出，每一行的开头数字和结尾数字都是 1，从第 3 行开始，每行的中间数都等于上一行前两个数字之和。

设计步骤：在代码窗口输入如下程序代码。

```
Private Sub Form_Click()
    Dim sc(6, 6) As Integer, i%, j%
    For i = 1 To 6
      For j = 1 To i
        sc(1, 1) = 1
        sc(2, 1) = 1: sc(2, 2) = 1
        If i >= 2 Then
          sc(i, j) = sc(i - 1, j - 1) + sc(i - 1, j)
        End If
        Print sc(i, j); " ";
```

```
        Next j
        Print
     Next i
End Sub
```

【实训 12.2】 有 5 个学生，以及英语、数学、计算机 3 门课程，编写程序实现以下功能：
找出最高平均成绩及其对应的学生学号，找出各课程不及格成绩及学生学号，求各门课程的
平均成绩。

 二维数组编程通常使用双重 For 循环结构，循环变量分别作为数组的两个下标，通过循环变量的不断改变，实现对每个数组元素依次进行处理。解决这个问题的关键是根据 a%(5, 3)，求出其转置矩阵 b%(3, 5)，从而求出各门课程的平均成绩。

设计步骤：在代码窗口输入如下程序代码。

```
Private Sub Form_Click()
Dim a%(5, 3), b%(3, 5), xm$(5), i%, j%, t%
Dim max%, aver!(5), average!(3)
Print "原始数据为:"
For i = 1 To 5
    xm(i) = InputBox("输入学生姓名")
    Print xm(i);
    For j = 1 To 3
        a(i, j) = InputBox("输入成绩")
        Print a(i, j);
    Next j
    Print
Next i
For i = 1 To 5
    For j = 1 To 3
    If a(i, j) < 60 Then Print "不及格成绩="; a(i, j); " 学号="; i
    Next j
Next i
For i = 1 To 5
    aver(i) = 0
    max = aver(1)
    For j = 1 To 3
      aver(i) = aver(i) + a(i, j)
    Next j
    aver(i) = aver(i) / 3
    Print "aver(" & i & ")="; aver(i)
    If aver(i) > max Then
    max = aver(i)
    t = i
```

```
        End If
    Next i
    Print "最高平均成绩 max ="; max; " 学号="; t
    For i = 1 To 3
      average(i) = 0
      For j = 1 To 5
        b(i, j) = a(j, i)
        average(i) = average(i) + b(i, j)
      Next j
      average(i) = average(i) / 5
      Print "各课程平均成绩 average(" & i & ")="; average(i)
    Next i
End Sub
```

程序运行结果如图 12-4 所示。

图 12-4　程序运行结果

【实训 12.3】　编写一个记忆力测试程序，要求通过 InputBox 设置初、中、高级别代号；单击窗体上"开始"按钮，在窗体上显示 0~9 的任意 10 个数字；在指定时间过后，数字自动消失，弹出对话框询问某个数字；用户回答后，在窗体上显示评判。

首先在窗体上建立 1 个控件数组 Label1，有 10 个元素，存放数字 0~9，建立 1 个控件 Label2，用来提示信息，建立 3 个命令按钮，用来触发程序；其次，定义 3 个变量 $a\%$、b、$c\%$，分别用来表示要提问的第 n 个数字、Timer、用户回答的数字，用 For 循环和 Rnd 函数给 Label1 控件数组赋值；第三，是弹出 InputBox 对话框，设定测试级别，然后在 Label2 中提问、在 InputBox 中回答、用选择语句进行判断，在 Label2 中输出正确结果。

设计步骤：在代码窗口输入如下程序代码。

```
Dim tim As Integer
Private Sub Form_Load()
  tim = 2
  Form1.Caption = "记数游戏"
  Command1.Visible = False
End Sub
Private Sub Command1_Click()
  Dim a%, b, c%
```

```vb
    Label2 = ""
    Randomize
    a = Int(Rnd * 10 + 1)
    For i = 0 To 9
      Label1(i) = Int(Rnd * 10 + 1)
    Next i
    b = Timer
      Label2 = "记住第几个数是几!!! "
    DoEvents            '调用 DoEvents 函数,在控件数组 Label1 中显示数字
    Do
      If Timer - b > tim Then
        For i = 0 To 9
          Label1(i).Visible = False
        Next i
        Exit Do
      End If
    Loop
    c = InputBox("刚才第" & a & " 个数是几? ", "记数游戏")
    If c = Label1(a - 1) Then
      Label2 = "对了! 刚才第" & a & " 个数是 " & Label1(a - 1)
      For i = 0 To 9
        Label1(i).Visible = True
      Next i
    Else
      Label2 = "错了! 刚才第" & a & " 个数是 " & Label1(a - 1)
      For i = 0 To 9
        Label1(i).Visible = True
      Next i
    End If
End Sub
Private Sub Command2_Click()
Dim x%
x = InputBox("输入级别代号: " & vbNewLine & "1-初级 5 秒)" & vbNewLine & _        "2-中
级(3 秒)" & vbNewLine & "3-高级(1 秒)", "记忆测试游戏", 2)
Select Case x
Case 1
  tim = 5
  Form1.Caption = "记数游戏（初级）"
Case 2
  tim = 3
  Form1.Caption = "记数游戏（中级）"
Case 3
  tim = 1
```

```
    Form1.Caption = "记数游戏（高级）"
Case Else
    tim = 2
    Form1.Caption = "记数游戏（中级）"
End Select
Command1.Visible = True
Command2.Visible = False
End Sub
Private Sub Command3_Click()
    End
End Sub
```

程序运行结果如图 12-5 所示。

图 12-5　程序运行结果

五、习题与思考

1. 用下面的语句所定义的数组的元素个数是_____。

```
Dim  au(3 To 5, -2 To 2)
```

A. 20　　　　　　　B. 12　　　　C. 15　　　　D. 24

2. 在窗体上画一个命令按钮（其 Name 属性为 Command1），然后编写如下代码。

```
Option Base 1
Private Sub Command1_Click()
    Dim a(4, 4)
    For i = 1 To 4
        For j = 1 To 4
        a(i, j) = (i - 1) * 3 + j
        Next j
    Next i
    For i = 3 To 4
        For j = 3 To 4
        Print a(j, i);
        Next j
        Print
    Next i
End Sub
```

程序运行后，单击命令按钮，其输出结果为_____。

3. 在窗体上画一个命令按钮（其 Name 属性为 Command1），然后编写如下代码。

```
Option Base 1
Private Sub Command1_Click()
  Dim a(5, 5)
  For i = 1 To 3
    For j = 1 To 4
      a(i, j) = i * j
    Next j
  Next i
  For n = 1 To 2
    For M = 1 To 3
      Print a(M, n);
    Next M
  Next n
End Sub
```

程序运行后，单击命令按钮，输出结果是_____。

4. 编写程序，建立并输出一个 5×5 的矩阵，使得该矩阵的两条对角线元素都为 0，其余元素均为 5。

5. 编写程序，实现两个矩阵的相加。

6. 有 5 个学生，4 门课程成绩。编程序实现以下功能。

（1）找出各门课程的最高成绩。

（2）找出各门课程不及格的成绩。

（3）求全部学生各门课程的平均分数。

（4）把每个学生的总分数按降序输出。

7. 在窗体上建立一个包含 4 个命令按钮的控件数组，以及一个 PictureBox 图片框；运行程序，单击第 1 个按钮，在 PictureBox 中画直线；单击第 2 个按钮，在 PictureBox 中画矩形；单击第 3 个按钮，在 PictureBox 中画圆；单击第 4 个按钮，结束程序运行。

8. 编写程序，通过键盘输入 6 个大写字母 A、B、C、D、E、F，在窗体上输出一个 6×6 方阵，保证每一行各个字母都向前移一个字母的次序。

9. 编写程序，计算两矩阵相乘得到的新矩阵。

声明 3 个可调数组 a、b、c，用 Inputbox( ) 给下标参数赋值以后，再重新定义可调数组 a、b、c，然后用双重 For 循环求出新矩阵。

PART 13

实验 13
子过程与函数过程

一、实验目的

1. 熟练掌握子过程的定义和调用方法。
2. 学会运用子过程进行程序设计。
3. 熟练掌握函数过程的定义和调用方法。
4. 学会运用函数过程进行程序设计。

二、重点与难点

1. 重点是掌握子过程的定义和调用方法，以及函数过程的定义和调用方法，弄清两者形式上的区别和特点，会运用这两种自定义过程进行程序设计。

2. 难点是数组变量做形参时，子过程和函数过程的定义及其应用；以及对传址和传值两种参数传递方式的理解运用。

三、实验内容及步骤

【例 13.1】 设计一个子过程程序，计算 $S = 1 + 2 + 3 + \cdots\cdots + (N-1) + N$ 的值。

本题将子过程的名称定义为 sum，用 n 作形参；用命令按钮 Click 事件调用 sum 子过程。

设计步骤：在代码窗口输入如下程序代码。

```
Public Sub sum(n%)                '定义子过程 sum
    Dim i%, s%
    s = 0
    For i = 1 To n
      s = s + i
    Next i
    Print s
End Sub
```

```
Private Sub Command1_Click()
    Dim m%
    m = 100
    Call sum(m)                     '调用子过程 sum
End Sub
```

【例 13.2】　编写求 $n!$ 的子过程，通过调用此子过程来计算 $5!+3x-y$。

新建 VB 工程，在通用代码部分定义子过程 Jch(n%, p&)，用 For 循环求出 $p = n!$；在 Form 窗体的 Click 事件代码中，声明实参 a，以及普通变量 x、y，调用 Jch 子过程，求出 $5!+3x-y$ 的计算结果，在窗体上输出。

设计步骤：在代码窗口输入如下程序代码。

```
Sub Jch(N%, p&)                 '定义求 N!的子过程
    Dim i%
    p = 1
    For i = 1 To N              '用循环求出 N!，形参 N 的值由调用语句中的实参获得
       p = p * i
    Next i                      '循环结束后 p = N!
End Sub
Private Sub Form_Click()
    Dim a&, x%,y%, d&
    x=inputbox("请输入 x 的数值")
    y=inputbox("请输入 y 的数值")
    Call Jch(5, a)              '调用子过程 Jch 得 a=5 ！
    d = a + 3*x - y
    Print "5!+3x-y="; d
End Sub
```

【例 13.3】　编写程序，要求调用函数过程求出两个自然数 m 和 n 的最大公约数。

函数过程可以用赋值语句：变量名= 函数过程名（实参列表）调用，也可以直接用 Call 函数过程名（实参列表）调用；本题用"辗转相除法"求最大公约数。

设计步骤：在代码窗口输入如下程序代码。

```
Public Function gcd%(x%, y%)    '定义函数过程 gcd,返回值的类型为整型
    Dim r%
    r = x Mod y
    While r <> 0                '若 r 不等于 0,不断循环
      x = y
      y = r                     'y → x,r → y

      r = x Mod y
    Wend
```

```
    gcd = y                              '若 r = 0,则 y 为要求的最大公约数,赋值给所定义函数 gcd
End Function
Private Sub Form_Click()                 '调用函数过程 gcd
  Dim m%, n%
  m = InputBox("请输入第一个自然数:")
  n = InputBox("请输入第二个自然数:")
  Call gcd(m, n)                         '调用函数 gcd,返回实参 m 和 n 的最大公约数
  Print "m 和 n 的最大公约数是:"; gcd(m, n)
End Sub
```

【例 13.4】 使用传址方式编写"两数交换"的子过程,观察实参与形参的前后变化。

传址是默认的参数传递方式,在调用自定义过程时,将实参的内存地址传递给形参。因此,在被调用的过程中对形参的任何操作都变成了对相应实参的操作,实参的值就会随形参的改变而改变。

设计步骤:在代码窗口输入如下程序代码。

```
Private Sub Command1_Click()
  Dim a%, b%
  a = 5 : b = 7
  Print "调用前:"; " a ="; a; " b ="; b
  Call swap1(a, b)              '调用子过程 swap1
  Print "调用后:"; " a ="; a; " b ="; b
  Print
End Sub
Public Sub swap1(x%, y%)       '参数传址
  Dim t%
  Print "交换前:"; " x ="; x; " y ="; y
  t = x : x = y : y = t
  Print "交换后:"; " x ="; x; " y ="; y
End Sub
```

程序运行结果如图 13-1 所示。

图 13-1 程序运行结果

【例 13.5】 使用传值方式编写"两数交换"的子过程,观察实参与形参的前后变化。

按传值方式传递参数时,系统将实参的值复制给形参,形参与实参使用不同的内存单元。因此,被调过程对形参的操作是在形参自己的存储单元中进行的,实参的值不会随形参的改变而改变。要使用传值方式时,必须在形参前加"ByVal"关键字。

设计步骤：在代码窗口输入如下程序代码。

```
Private Sub Command2_Click()
  Dim a%, b%
  a = 5 : b = 7
  Print "调用前:"; " a ="; a; " b ="; b
  Call swap2(a, b)                          '调用子过程 swap2
  Print "调用后:"; " a ="; a; " b ="; b
End Sub
Public Sub swap2(ByVal x%, ByVal y%)        '参数传值
  Dim t%
  Print "交换前:"; " x ="; x; " y ="; y
  t = x : x = y : y = t
  Print "交换后:"; " x ="; x; " y ="; y
End Sub
```

程序运行结果如图 13-2 所示。

图 13-2　程序运行结果

【例 13.6】　用随机函数产生一个一维数组，用此数组作参数，求数组中所有偶数元素之和。

当用数组作为过程参数时，应省略数组参数的维数，但括号( )不能省略。调用过程时，实参列表中的数组参数可只用数组名表示，省略圆括号。由于被调用过程不知道实参数组的上下界，本题使用 For 循环和 LBound( )、UBound( )编写函数过程，使用随机函数产生一维数组，使用 Form_Click( )调用函数过程。

设计步骤：在代码窗口输入如下程序代码。

```
Public  Function sum%(b%())          '形参为数组参数 b%( )，用空的圆括号表示
   Dim i%
   For i = LBound(b) To UBound(b)    '用 LBound 和 Ubound 求得数组上下界
      If b(i) Mod 2 = 0 Then
        sum = sum + b(i)             '给函数 sum 赋值
      End If
   Next i
End Function
Private Sub Form_Click()
   Dim a%(10), s%, i%
   Print "产生的随机数组为:"
   For i = 1 To 10                   '用循环和 Rnd 函数产一个一维数组
      a(i) = Int(Rnd * 100)
```

```
        Print a(i);
    Next i
    Print
    s = sum(a())                              '调用函数过程 sum( )
    Print " 数组中偶数元素之和为:"; s
End Sub
```

四、实训

【实训 13.1】 已知三角形的 3 条边，分别利用函数过程和子过程计算三角形的面积。

 定义一个子过程 area1 和一个函数过程 area2，前者没有 area1 的赋值语句，后者必须有 area2 的赋值语句；分别用 Command1_Click( )和 Command2_Click( ) 事件调用上述两个过程。

设计步骤：在代码窗口输入如下程序代码。

```
Private Sub area1(x%, y%, z%)        '定义 area1 子过程
    Dim p!, s!
    p = (x + y + z) / 2
    s = Sqr(p * (p - x) * (p - y) * (p - z))
    Print "area1="; s
End Sub
Private Sub Command1_Click()
    Dim a%, b%, c%
    a = InputBox("请输入 a 的值", "输入框")   '
    b = InputBox("请输入 b 的值", "输入框")
    c = InputBox("请输入 c 的值", "输入框")
    Call area1(a, b, c)                  '调用自定义过程 area1
End Sub
Private Function area2!(x%, y%, z%)      '定义 area2 函数过程
    Dim p!, s!
    p = (x + y + z) / 2
    s = Sqr(p * (p - x) * (p - y) * (p - z))
    area2 = s                            '给函数 area2 赋值
    Print "area2="; area2
End Function
Private Sub Command2_Click()
    Dim a%, b%, c%
    a = InputBox("请输入 a 的值", "输入框")   '
    b = InputBox("请输入 b 的值", "输入框")
    c = InputBox("请输入 c 的值", "输入框")
    Call area2(a, b, c)                  '调用自定义函数 area2
End Sub
```

程序运行结果如图 13-3 所示。

图 13-3　程序运行结果

【实训 13.2】　分别编写子过程和函数过程，计算两个自然数的最大公约数、最小公倍数。

将输入的两个自然数 m 和 n 相乘除以最大公约数，即可求出最小公倍数。该题目最终归结为计算最大公约数的程序设计，在窗体上建立两个命令按钮，分别设置其 Caption 属性为"子过程"和"函数过程"。函数过程可以用赋值语句调用：变量名 = 函数过程名（实参列表），也可以直接用 Call 函数过程名（实参列表）。

设计步骤：在代码窗口输入如下程序代码。

```
Public Sub gcd1(x%, y%)          '使用传址方式交换参数
    Dim r%, a%                   '形参 x、y 与实参 m、n 共用一个内存单元
    a = x * y
    r = x Mod y
    While r <> 0
        x = y
        y = r
        r = x Mod y
    Wend
    Print x; "和"; y; "的最大公约数是:"; y
    a = a / y
    Print x; "和"; y; "的最小公倍数是:"; a
End Sub
Public Function gcd2%(ByVal x%, ByVal y%)      '传值方式，形参前加 ByVal
    Dim r%                                     '形参 x、y 与实参 m、n 用不同内存单元
    r = x Mod y
    While r <> 0
        x = y
        y = r
        r = x Mod y
    Wend
    gcd2 = y
End Function
Private Sub Command1_Click()
    Dim m%, n%
    m = InputBox("输入第一个自然数:", , 6)
    n = InputBox("输入第二个自然数:", , 9)
    Print " 您输入数字为:"; m; "和"; n
```

```
    Call gcd1(m, n)                '调用子过程 gcd1
End Sub
Private Sub Command2_Click()
    Dim m%, n%, a%, b%
    m = InputBox("输入第一个自然数:", , 6)
    n = InputBox("输入第二个自然数:", , 9)
    Print
    Print " 您输入数字为:"; m; "和"; n
    a = gcd2(m, n)                 '调用函数过程 gcd2
    b = m * n / a                  '求最小公倍数
    Print m; "和"; n; "的最大公约数是:"; a
    Print m; "和"; n; "的最小公倍数是:"; b
End Sub
```

程序运行结果如图 13-4 所示。

图 13-4　程序运行结果

五、习题与思考

1. 在参数传递过程中，若使参数按值传递，应使用关键字_____来定义。

A．ByVal　　　　　B．ByRef　　　　　C．Value　　　　　D．Public

2. 在窗体上添加一个名为 Command1 的命令按钮和两个名为 Label1、Label2 的标签，程序代码如下。

```
Private a As Integer
Private Sub proc(ByVal x As Integer, ByVal y As Integer)
  a = x * x
  b = y + y
End Sub
Private Sub Command1_Click()
  a = 5
  b = 3
  proc a, b
  Label1.Caption = a
  Label2.Caption = b
End Sub
```

程序运行后，单击命令按钮，两个标签中显示的内容分别是_____。

A．25 和 3　　　B．25 和 6　　　　C．5 和 3　　　　D．5 和 6

3. 编写程序求阶乘 $N!$，分别用 Sub 过程和 Function 过程两种方法实现。

4. 编写一个过程，以整数作为形参，当该参数为奇数时输出 True，当该参数为偶数时输出 False。

5. 编写一函数 Fun，求任意一维数组中各元素之积。

6. 编写程序，要求利用文本框输入口令，利用静态变量统计输入口令的次数，当口令错误达到 3 次时，退出操作。

7. 已知 $x = 10$、$y = 20$，分别编写子过程和函数过程，交换 x 和 y 的数值。

8. 编写一个求最大数的 Function 过程，利用该函数分别求 3 个、5 个数中的最大数。

9. 分别用传址和传值的参数传递方式，计算两个自然数的和 $m^2 + n^2$。

实验 14
过程与变量的作用域、鼠标事件和键盘事件

一、实验目的

1. 进一步熟悉子过程和函数过程的定义方法。
2. 进一步熟悉子过程和函数过程的调用方法。
3. 掌握变量、函数、过程的作用域。
4. 掌握常用鼠标事件。
5. 掌握常用键盘事件。

二、重点与难点

1. 重点是掌握普通变量、子过程、函数过程的作用域和定义方法，会正确运用不同作用域的变量和过程进行程序设计。
2. 难点是掌握常用鼠标事件和常用键盘事件。

三、实验内容及步骤

【例 14.1】 编写程序，演示静态变量与非静态变量的不同。

分析　在 VB 过程中可用 Static 语句将变量声明为静态变量，每次调用过程后，静态变量会保留运行后的结果；而用 Dim 声明的变量，每次调用过程结束，都会将这些局部变量释放掉。本题通过循环语句来多次调用一个子过程 test( )，在子过程中分别用 Static 和 Dim 语句来定义静态变量 y 和一般变量 x，并将变量进行累加和输出。

设计步骤：在代码窗口输入如下程序代码。

```
Sub test()
    Dim x As Integer, m As String          '定义动态变量
    Static y As Integer, n As String       '定义静态变量
    x = x + 1
    y = y + 1
    m = m & "*"
    n = n & "*"
```

```
    Print " x ="; x; " y ="; y; " m = "; m; " n = "; n
End Sub
Private Sub Form_Click()
    Dim i%
    For i = 1 To 5
      Call test
    Next i
End Sub
```

程序运行结果如图 14-1 所示。

图 14-1　程序运行结果

上例中 x、y、m、n 都是过程 test 中的局部变量，y、n 被声明为静态变量，每次调用时保持上一次的值，所以使用 y、n 可以实现累加；x、m 是动态变量，每次调用都被重新初始化为 0 或空字符串，因此它们在窗体上输出的值总保持不变。

【例 14.2】　编写静态子过程或静态函数过程，计算 $1 \sim m$ 所有奇数的平方和 s。若 s 为奇数，输出"浮云连海岱"；若 s 为偶数，输出"平野入青徐"。

在以 Static 语句定义的 Sub 或 Funtion 过程中，所有变量都是静态变量，具有记忆累加功能。例如将上一个例题中首句改为：Static Sub test( )，则此过程中所有的局部变量都成为静态变量；即无论是 Dim 声明的 x、m，还是用 Static 声明的 y、n，均为静态变量。

设计步骤：在代码窗口输入如下程序代码。

```
Static Sub sumary(m%)          '定义静态子过程 sumary(m%)
    Dim i%, s%
    For i = 1 To m Step 2
      s = s + i                '给静态变量 s 赋值
    Next i
    Print " s ="; s
    If s Mod 2 = 0 Then
       Print "平野入青徐"
    Else
       Print "浮云连海岱"
    End If
    Print
End Sub
Private Sub Command1_Click()   '主调过程
    Dim n%
    n = InputBox("输入 n")
```

```
    Call sumary(n)                      '调用子过程 sumary(n%)
End Sub
Private Sub Command2_Click()            '主调过程
    Dim n%
    n = InputBox("输入 n")
    Call sum(n)                         '调用函数过程 sum(n%)
End Sub
Static Function sum%(m%)                '定义静态函数过程 sum(m%)
    Dim i%, s%
    For i = 1 To m Step 2
        s = s + i                       '给静态变量 s 赋值
    Next i
    sum = s                             '给函数 sum 赋值
    Print " sum ="; sum
    If sum Mod 2 = 0 Then
        Print "平野入青徐"
    Else
        Print "浮云连海岱"
    End If
    Print
End Function
```

【例 14.3】　编写程序，分别定义不同的作用域变量，引用它们进行求和计算。

定义 3 个不同作用域的数值型变量 a、b、c，并赋于不同数值；在主窗体中引用 3 个变量进行求和，并显示 3 个变量的值和计算结果。

设计步骤：在代码窗口输入如下程序代码。

```
Private b%                              '窗体模块级变量
Private Sub Form_Click()
    Dim a%, s%                          '局部变量
    a = 5
    s = a + b + Form2.c                 '引用各级变量
    Print " 局部变量: a ="; a
    Print " 模块级变量:b ="; b
    Print " 全局变量:Form2.c ="; Form2.c
    Print " a + b + Form2.c ="; s
End Sub
Private Sub Form_Load()
    b = 8                               '给窗体级变量赋值
    Form2.Show
End sub
```

添加 Form2 窗体，双击此窗体，输入代码如下：

```
Public c                          '定义全局变量
Private Sub Form_Load()
  c = 6                           '给全局变量赋值
End Sub
```

单击 Form1 窗体，程序运行结果如图 14-2 所示。

图 14-2　程序运行结果

【例 14.4】 编写程序，调用 sum 子过程，分别计算 100 和 50 的累加和。

　首先定义子过程 sum，采用默认传值方式传递参数，用 For 循环实现自然数累加计算；然后在 Command1_Click( )事件过程中两次调用 sum 过程，在窗体上输出计算结果。

设计步骤：在代码窗口输入如下程序代码。

```
Private Sub Command1_Click()      '主程序
  Dim n1%, s1%
  n1 = 100
  Call sum(n1, s1)                '调用 sum 子过程
  Print " 100 的累加和等于"; s1
  n1=50
  Call sum(50, s1)                '调用 sum 子过程
  Print
  Print " 50 的累加和等于"; s1
End Sub
Public Sub sum(n%, s%)            '定义全局级 sum 子过程
  Dim i%
  s = 0
  For i = 1 To n
    s = s + i
  Next i
End Sub
```

【例 14.5】 按公式 $\dfrac{\pi}{4} = 1 - \dfrac{1}{3} + \dfrac{1}{5} - \dfrac{1}{7} + \cdots\cdots + (-1)^{n-1}\dfrac{1}{2n-1}$，编写一函数过程，求 π 的近似值。

　此问题要求 π，必须先求 $\pi/4$；这样，就转化为各项系数与奇数的倒数相乘的循环问题。注意：在函数过程中，要给函数赋值以返回函数值。

设计步骤：在代码窗口输入如下程序代码。

```
Private Function pai(a%)              '定义窗体级函数过程 pai
    Dim i%, f%, p#
    f = -1
    p = 0
    For i = 1 To 2 * a - 1 Step 2
        f = f * (-1)
        p = p + f * 1 / i
    Next i
    pai = 4 * p                       '给函数 pai 赋值
End Function
Private Sub Command1_Click()
    Dim b%
    b = InputBox("请输入一个正整数", "输入框")
    Print "b="; b, "π="; pai(b)      '调用函数 pai
End Sub
```

【例14.6】 综合运用鼠标的 MouseDown、MouseUp、MouseMove 事件，编写一个在窗体上用鼠标绘图、写字的程序。

 该问题的关键是，每次按下鼠标，重新设置窗体当前坐标 X、Y；每次移动鼠标时，开始绘制直线；每次释放鼠标时，则停止当前线段的绘制。另外，Line 方法省略端点坐标，可以实现从鼠标当前位置开始画线。

设计步骤：在代码窗口输入如下程序代码。

```
Dim DrawNow As Boolean              '声明窗体级变量 DrawNow,控制绘图状态
Private Sub Form_Load()             '初始化窗体,及 DrawNow
  Form1.Caption = "VB 鼠标事件"
  Form1.ForeColor = vbBlue
  DrawNow = False
End Sub
'按下鼠标事件,设置窗体当前坐标,程序进入绘图状态
Private Sub Form_MouseDown(Button As Integer, Shift As Integer, X As Single,_ Y As
Single)
  DrawNow = True
  CurrentX = X
  CurrentY = Y
End Sub
'拖动鼠标事件,绘制直线
Private Sub Form_MouseMove(Button As Integer, Shift As Integer, X As Single,_ Y As
Single)
  If DrawNow Then Line -(X, Y)
End Sub
'释放鼠标事件,终止绘图状态
```

```
Private Sub Form_MouseUp(Button As Integer, Shift As Integer, X As Single, Y_ As
Single)
  DrawNow = False
End Sub
```

程序运行结果如图 14-3 所示。

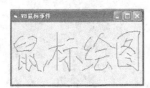

图 14-3　程序运行结果

【例 14.7】　编写程序，用来演示在 KeyPress 和 KeyDown 事件过程中，参数 KeyAscii 和 KeyCode 的不同。

在 VB 中，常用的键盘事件有 KeyPress、KeyUp、KeyDown 3 种，KeyPress 事件只对会产生 ACSII 码的按键有反应，包括数字、大小写字母、标点、【ENTER】、【TAB】、【BACKSPACE】等键；如果按下不会产生 ACSII 码的按键，如按下方向键，则 KeyPress 事件不会发生。通过在键盘事件中对输入的大小写字母进行显示，可以演示二者的区别。

设计步骤：在代码窗口输入如下程序代码。

```
Private Sub Form_KeyPress(KeyAscii As Integer)
   If KeyAscii >= 65 And KeyAscii <= 122 Then
     Print " 您输入了 "; Chr(KeyAscii)        '如果输入的是字母，则输出此字母
   End If
End Sub
Private Sub Form_KeyUp(KeyCode As Integer, Shift As Integer)
   If KeyCode >= 65 And KeyCode <= 122 Then
     Print " 您按下了 "; Chr(KeyCode); " 键"
   End If
End Sub
```

运行程序，依次输入小字母 a、b 和大写字母 A、B，结果如图 14-4 所示。

图 14-4　程序运行结果

从上例运行结果中可以看出：对于在同一个键上两个不同的字符，返回的 KeyCode 值是相同的；但返回的 KeyAscii 值并不相同，分别是此两个字符相对应的 ASCII 码值。

四、实训

【实训 14.1】 定义一个大小为 100 的数组，编写 3 个过程并调用它们完成如下功能：用随机函数给数组赋值；将所有数组元素按从小到大的顺序排序；将所有数组元素按每 10 个一行输出。

 定义 shuzu 过程，为数组 a%( )赋值；定义 paixu 过程，将数组元素从小到大排序；定义 shuchu 过程，将数组元素每 10 个一行输出。为减少变量声明，将循环变量 *i*、*j* 定义为窗体级变量。

设计步骤：在代码窗口输入如下程序代码。

```
Dim i%, j%
Sub shuzu(a%())                        '定义随机数组过程 shuzu
For i = 1 To 100
    a(i) = Int(Rnd * 90) + 10
    Print a(i);
Next i
End Sub
Private Sub Command1_Click()
    Dim b(1 To 100) As Integer
    Call shuzu(b())                    '调用随机数组过程 shuzu
End Sub
Sub paixu(a%())                        '定义排序过程 paixu
For i = 1 To 100
    For j = i + 1 To 100
    If a(i) > a(j) Then
        t = a(i)
        a(i) = a(j)
        a(j) = t
    End If
    Next j
Next i
Print
For i = 1 To 100                       '输出排序结果
    Print a(i);
Next i
End Sub
Private Sub Command2_Click()
    Dim b(1 To 100) As Integer
    Call shuzu(b())                    '调用随机数组过程 shuzu
    Print
    Call paixu(b())                    '调用排序数组过程 paixu
End Sub
```

```
Sub shuchu(a%())                      '定义输出过程 shuchu
For i = 1 To 100
   a(i) = Int(Rnd * 90) + 10
   Print a(i);
   If i Mod 10 = 0 Then Print
   Next i
End Sub
Private Sub Command3_Click()
   Dim b(1 To 100) As Integer
   Print
   Call shuchu(b())                   '调用输出数组过程 shuchu
End Sub
```

程序运行结果如图 14-5 所示。

图 14-5　程序运行结果

五、习题与思考

1. 在以下函数的定义中，正确的是_____。

    A．Private f1(a as single)   B．Public f1 (a as single)

    C．Sub f1 (a as single)   D．Function f1 (a) as string

2. Function 过程有别于 Sub 过程的最主要特点是_____。

    A．Function 过程一定要有形参，而 Sub 过程可以没有形参

    B．Function 过程的结束语是 End Function，而 Sub 过程的结束语是 End Sub

    C．Function 过程用于计算函数值，而 Sub 过程用于改变属性值

    D．Function 过程能返回值，而 Sub 过程不能返回值

3. 用 Static 关键字定义过程是指_____。

    A．声明过程名是静态的   B．声明过程中的局部变量是静态的

    C．声明虚参是静态的   D．声明函数过程的返回值是静态的

4. 运行下列程序，单击窗体，则输出结果是_____。

```
Private Sub sub1(x, y)
x = 2 * x + y: y = 3 * y
Print "x="; x, "y="; y
End Sub
Private Sub Form_Click()
a = 1: b = 1
Print "a="; a, "b="; b
```

```
sub1 a, b
Print "a="; a, "b="; b
End Sub
```

A.　$a=1$　$b=1$　　　B.　$a=1$　$b=1$　　　C.　$a=1$　$b=1$　　　D.　$a=1$　$b=1$

　　$x=2$　$y=3$　　　　　$x=3$　$y=3$　　　　　$x=2$　$y=3$　　　　　$x=3$　$y=3$

　　$a=1$　$b=1$　　　　　$a=3$　$b=3$　　　　　$a=2$　$b=3$　　　　　$a=1$　$b=3$

5.　编写程序，要求在两个文本框内分别显示鼠标所在位置的 X 坐标和 Y 坐标。

6.　编写一个键盘程序，当按下【Alt+F5】组合键时终止程序的运行。

7.　用自定义函数的方法求 $sum(x)$，当 $-1 \leqslant x \leqslant 1$ 时，$sum(x) = x/2! + x^2/3! + x^3/4! + \cdots + x^n/(n+1)!$；当 $x>1$ 时，$sum(x) = x$；当 $x<-1$ 时，$sum(x) = 0$。x、n 都是由用户输入的，当 $n<=0$ 时，程序提示输入数据错误。

8.　在窗体上添加一个标签 Label1，编程实现以下操作：单击鼠标左键，显示"国"；单击鼠标右键，显示"家"。

使用 MouseDown 事件，根据鼠标返回的 Button 数值，设置不同显示效果。

实验 14　过程与变量的作用域、鼠标事件和键盘事件

实验 15
文　件

一、实验目的

1. 掌握顺序文件、随机文件的概念。
2. 理解文件操作的一般步骤及实现方法。
3. 掌握顺序文件和随机文件的打开、读写、关闭方法。

二、重点与难点

1. 文件操作的基本步骤。
2. 文件操作的常用函数。
3. 不同类型文件的操作：顺序文件的打开与关闭、顺序文件的读写操作、随机文件的打开与关闭、随机文件的读写操作、二进制文件的打开和关闭、二进制文件的读写操作。

三、实验内容及步骤

【例 15.1】 编程实现：将一个文本文件的内容读到文本框中（假定文本框名称为 txtTest，文件名为 "MYFILE.TXT"）。

设计步骤如下。

（1）界面设计。启动 VB，新建一个工程，在窗体 Form1 上添加 1 个文本框控件 txtTest，添加 1 个命令按钮 Command1，可对控件的大小位置等进行调整。

（2）属性设置。属性设置如表 15-1 所示。

表 15-1　属性设置

对　　象	属　　性	设　　置
Form1	Caption	文件
txtTest	Text	
txtTest	Multiline	True
Command1	Caption	读取

（3）代码编写：在读取按钮的单击事件中编写代码如下。

```
'方法一
```

```
Private Sub Command1_Click()
  Dim inputdata As String              '临时变量,用于存放每次读取数据
  txtTest.Text = ""                    '初始化,文本框清空
  Open "MYFILE.TXT" For Input As #1    '打开文件
  Do While Not EOF(1)                  '循环读数
    Line Input #1, inputdata           '一次读取一行
    '读取的内容显示在文本框中
    txtTest.Text = txtTest.Text + inputdata + vbCrLf
  Loop
  Close #1                             '关闭文件
End Sub

'方法二
Private Sub Command1_Click()
  Dim inputdata As String              '临时变量,用于存放每次读取的数据
  txtTest.Text = ""                    '初始化,文本框清空
  Open "MYFILE.TXT" For Input As #1    '打开文件
  '所有数据一次性读取出来显示在文本框中
  txtTest.Text = Input(LOF(1), 1)
  Close #1                             '关闭文件
End Sub
```

（4）调试运行。在程序运行之前，先保存，然后进行调试运行。调试运行无误后，生成
EXE 文件。

四、实训

【实训 15.1】 通过键盘输入若干学生的数据，并将数据保存到顺序文件 stus.txt 中。数据项包括学号、姓名、性别、数学、外语和计算机成绩。

 本实训的关键是顺序文件、Output 操作。将所有数据项封装为学生类型。文件操作需要打开和关闭，将文件的打开放在 Form 的 Load 事件中，文件关闭放在
分析 Form 的 Unload 事件中。

设计步骤如下。

（1）界面设计。启动 VB，新建一个工程，在窗体 Form1 上添加 6 个标签控件 Label1～
Label6，添加文本框控件数组 Text1(0)～Text1(5)，添加 1 个命令按钮 Command1。

（2）设置属性。属性设置如表 15-2 所示。

表 15-2　属性设置

对　　象	属　　性	设　　置
Form1	Caption	文件
Label1	Caption	学号:
Label2	Caption	姓名:
Label3	Caption	性别:

对　　象	属　　性	设　　置
Label4	Caption	数学成绩：
Label5	Caption	外语成绩：
Label6	Caption	计算机成绩：
Text1(0)	Text	
Text1(1)	Text	
Text1(2)	Text	
Text1(3)	Text	
Text1(4)	Text	
Text1(5)	Text	
Command1	Caption	输入

（3）编写代码如下。

```
'窗体的 load 事件
Private Sub Form_Load()
Open "stus.txt" For Output As #1    '打开 stus.txt 文件
End Sub
'按钮的单击事件
Private Sub Command1_Click()
'将数据写入文件
Write #1, Text1.Item(0).Text, Text1.Item(1).Text, _
Text1.Item(2).Text, val(Text1.Item(3).Text), _
Val(Text1.Item(4).Text), val(Text1.Item(5).Text)
For i = 0 To 5
  Text1.Item(i).Text = ""              '数据写入后清空文本框
Next i
End Sub
'窗体的 Unload 事件
Private Sub Form_Unload(Cancel As Integer)
Close #1                              '关闭 1 号文件
End Sub
```

【实训 15.2】 从 stus.txt 中读取数据，将其中平均成绩不及格的学生的数据，存入一个新的文件 nos.txt 中。

设计步骤如下。

（1）界面设计。启动 VB，新建一个工程，在窗体 Form1 上添加控件 CommonDialog1（单击 VB 工程菜单下的部件选项，选中"Microsoft Common Dialog Control 6.0"，单击确定，在工具箱中添加 CommonDialog 控件），添加一个命令按钮 Command1，可对控件的大小位置等进行调整。

（2）设置属性。属性设置如表 15-3 所示。

表 15-3　属性设置

对　象	属　性	设　置
Form1	Caption	文件
Command1	Caption	筛选

（3）编写代码如下。

```
Dim sno$                                  '学号
Dim sname$                                '姓名
Dim ssex$                                 '性别
Dim seng!                                 '外语成绩
Dim smath!                                '数学成绩
Dim scomp!                                '计算机成绩
Private Sub Command1_Click()
    CommonDialog1.ShowOpen                '选择 1 号文件
    On Error GoTo 1                       '错误则跳转
    Open CommonDialog1.FileName For Input As #1
    While Not EOF(1)                      '只要没有结束，则循环
        Input #1, sno, sname, ssex, seng, smath, scomp
        '计算平均成绩是否及格
        If (Val(seng) + Val(smath) + Val(scomp)) / 3 < 60 Then
          Open "nos.txt" For Append As #2
          Write #2, sno, sname, ssex, seng, smath, scomp
          Close #2
        End If
    Wend
End Sub
```

【实训 15.3】　编写程序。建立一个随机文件，存放 10 个学生的数据（学号、姓名和成绩），可以实现姓名查找并显示找到的记录信息。

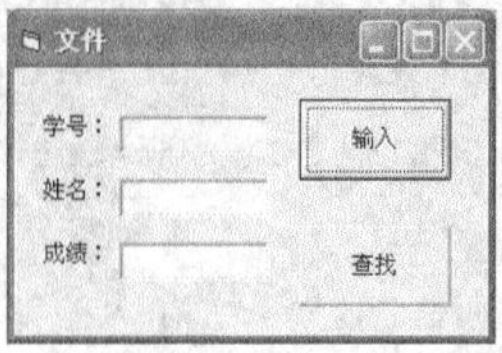

设计步骤如下。

（1）界面设计。启动 VB，新建一个工程，在窗体 Form1 上添加 3 个标签控件 Label1～Label3，添加 2 个命令按钮 Command1 和 Command2，一个文本框控件数组 Text1(0)～Text1(2)，如图 15-1 所示。添加窗体 Form2，在 Form2 上添加 1 个命令按钮 Command1。

图 15-1　实训 3 窗体 Form1 界面

（2）设置属性。属性设置如表 15-4 所示。

表 15-4　属性设置

所 属 窗 体	对　象	属　性	设　置
Form1	Form1	Caption	文件
Form1	Label1	Caption	学号：
Form1	Label2	Caption	姓名：

所 属 窗 体	对　　象	属　　性	设　　置
Form1	Label3	Caption	成绩：
Form1	Text1(0)	Text	
Form1	Text1(1)	Text	
Form1	Text1(2)	Text	
Form1	Command1	Caption	输入
Form1	Command2	Caption	查找
Form2	Form2	Caption	查询
Form2	Command1	Caption	确定

（3）编写代码如下。

```
'定义学生数据类型
Dim record As Integer
Private Type stuedent                    '定义学生类型
  Sno As Integer                         '学号
  Sname As String * 10                   '姓名
  Sscore As Double                       '成绩
End Type
'Form1 的 Load 事件
Private Sub Form_Load()
  Open "radfile1.txt" For Random As #1   '打开文件
  record = 1
End Sub
'Form1 的输入按钮事件
Private Sub Command1_Click()
  Dim st As stuedent                           '定义学生类型变量 st
  Dim i As Integer
  If Text1.Item(0) <> "" And Text1.Item(1) <> "" And _
Text1.Item(2) <> "" Then
    st.Sno = Val(Text1.Item(0).Text)
    st.Sname = Text1.Item(1).Text
    st.Sscore = Val(Text1.Item(2).Text)
    Put #1, record, st
    record = record + 1
    For i = 0 To 2
      Text1.Item(i).Text = ""                  '写入数据以后清空文本框
    Next i
    '如果输入了 10 条记录，则提示记录满，关闭文件
    If record > 10 Then
      MsgBox ("记录满")
```

```
        Close #1
      End If
    Else
      MsgBox ("请填写所有记录")
    End If
End Sub
'Form1 的查找按钮事件
Private Sub Command2_Click()
  Dim xm As String * 10              '姓名
  Dim k As Integer                   '控制变量
  Dim sst As stuedent                '定义学生型变量 sst
  Dim flag As Boolean                '标志
  flag = False                       '初始化为 false
  xm = InputBox("输入学生姓名", "查询")   '获取查找学生姓名
  Close #1 '关闭 1 号文件
  Open "radfile1.txt" For Random As #2  '打开 2 号文件
  For k = 1 To 10                    '遍历 10 条记录查找
    Get #2, k, sst                   '读取数据
    If sst.Sname = xm Then           '比较是否是所查找的数据
      flag = True
      Form2.Show
      Form2.Cls
      Form2.Print "该生学号：", sst.Sno
      Form2.Print "该生姓名：", sst.Sname
      Form2.Print "该生成绩：", sst.Sscore
    End If
  Next k
  If flag = False Then
    MsgBox ("没有该生记录")
  End If
  Close #2
End Sub
'Form2 的确定按钮事件
Private Sub Command1_Click()
  Unload Form2
End Sub
'Form2 的 Unload 事件
Private Sub Form_Unload(Cancel As Integer)
  Open "radfile1.txt" For Random As #1
End Sub
```

【实训 15.4】 编写应用程序，要求如下：窗体上有两个文本框（Text1 和 Text2），都可以多行显示；还有 3 个命令按钮，标题分别是"取数"、"排序"和"存盘"。"取数"按钮的

功能是把已有的某 DAT 文件中的 20 个整数读到数组中，并在 Text1 中显示出来；"排序"按钮的功能是对这 20 个整数按升序排序，并在 Text2 中显示出来；"存盘"按钮的功能是把排好序的 20 个整数存到某个 DAT 文件中。程序运行界面如图 15-2 所示。

图 15-2　程序运行界面

 定义全局整型数组 a，用来存放从文件中读取的数据。在排序中，使用双重循环，外循环每循环一次，确定内循环循环的次数。内循环就是把本次循环中的最大的数，放在数组的最后面，这样就可以实现对这 20 个整数的升序排序。

设计步骤如下。

（1）界面设计。启动 VB，新建一个工程，在窗体 Form1 上添加两个文本框控件 Text1 和 Text2，添加 3 个命令按钮 Command1～Command3，可对控件的大小位置等进行调整。

（2）设置属性。属性设置如表 15-5 所示。

表 15-5　属性设置

对　　象	属　　性	设　　置
Command1	Caption	取数
Command2	Caption	排序
Command3	Caption	存盘
Text1	text	
Text2	text	
Text1	Multiline	True
Text2	Multiline	True

（3）编写代码如下。

```
Dim a(50) As Integer                '全局数组 a，用于存取读取的数据
'取数按钮事件
Private Sub Command1_Click()
  Dim k As Integer                  '控制变量
  Dim ch As String
  Open "in.dat" For Input As #1     '打开文件
  ch = ""                           '初始化，ch 变量清空
  For k = 1 To 20
    Input #1, a(k)                  '读取一个数
    ch = ch + Str(a(k)) + " "
  Next k
  Close #1 '关闭文件
  Text1.Text = ch                   '将所有数据显示在 text1 中
End Sub
'排序按钮事件
Private Sub Command2_Click()
  Dim t As Integer                  '临时变量
```

```
    Dim i As Integer              '外层循环的控制变量
    Dim j As Integer              '内层循环的控制变量
    Dim ch As String
    ch = ""                       '初始化，ch 变量清空
    For i = 20 To 2 Step -1       '外层循环
      For j = 1 To 19             '内层循环
        '排序
        If a(j) > a(j + 1) Then
          t = a(j + 1)
          a(j + 1) = a(j)
          a(j) = t
        End If
      Next j
    Next i
    For j = 1 To 20
      ch = ch + Str(a(j)) + " "
    Next j
    Text2.Text = ch  '将排序后的内容显示
End Sub
'存盘按钮事件
Private Sub Command3_Click()
  Open "out.dat" For Output As #1    '打开文件
  Print #1, Text2.Text               '写入数据
  Close #1
End Sub
```

五、习题与思考

1. 调试运行程序：最终在窗体上打印数字 7。

```
'请在【 】处填入正确的内容
'--------------------------------------------------------
Private Sub Command1_Click()
  Dim a As String
  '**********SPACE**********
  Open App.Path & "\abc.bat" For 【 ? 】As #1
  n = 8
  For I = 1 To n
    Print #1, I + 1
  Next I
  Close #1
  '**********SPACE**********
  Open App.Path & "\abc.bat" For 【 ? 】As #1
  For I = 1 To n
```

```
    Input #1, a
    If I Mod 5 = 0 Then
        '**********SPACE**********
        Print CInt(a) + 【?】
    End If
    Next I
    Close #1
End Sub
```

2．编写程序：随机生成 30 个 10～99 的整数，然后按照从大到小的顺序存入文件"C:\data.dat"。

3．设计并实现程序：C 盘下有一文件"C:\test.txt"，编写程序，将文件中的奇数行的内容读入到文本框中，要求每次读取一行。

4．编写程序，有一文件"C:\data.dat"，其中存放了 10 个销售员的数据（编号、姓名和销售额），界面如图 15-3 所示，功能如下。

图 15-3　程序运行界面

（1）读出所有数据。

（2）按照销售额排序。

5．已知 C 盘下有一文件"C:\ToBeSort.dat"，其中存放了 10 个学生的数据（学号、姓名、总成绩），现在要求将 10 条数据按照学号从小到大的顺序存储为文件"C:\Sorted.dat"，并用逆序（学号从大到小）的方式将"C:\Sorted.dat"中的数据输出至文本框。

PART 16

实验 16
高级界面设计

一、实验目的

1. 掌握建立下拉式菜单和弹出式菜单的方法。
2. 掌握对话框的设计方法。
3. 掌握使用多重文档界面（MDI）。
4. 掌握文件操作控件的使用。
5. 掌握工具栏的制作及使用。

二、重点与难点

1. 下拉式菜单、弹出式菜单的设计方法。
2. 文件对话框、字体对话框、颜色对话框的设计。
3. 文件系统控件的使用方法。
4. 工具栏的设计方法。

三、实验内容及步骤

【例 16.1】 利用菜单实现一个具有加、减、乘、除功能的简易计算器，要求具有工具栏和弹出菜单，并且都可以实现运算。程序运行界面如图 16-1 所示。

 需要建立一个菜单，其具有运算、清除数据、关闭功能。准备必要的图标为工具栏 Toolbar11 配置图标时使用，并需要添加一个 ImageList 控件 ImageList1。在窗体的区域中调用 PopupMenu，实现弹出菜单。

设计步骤如下。

（1）设计界面。启动 VB，新建一个工程，在窗体 Form1 上添加 4 个标签 Label1～Label4，添加 2 个文本框 Text1 和 Text2，建立一个菜单，添加一个工具栏控件和一个 ImageList 控件（单击 VB 工程菜单下的部件选项，选中 "Microsoft Windows Common Control 6.0"，单击 "确定" 按钮，在工具箱中添加工具栏和 ImageList 控件）。

（2）属性设置。属性设置如表 16-1 所示。

图 16-1 程序运行界面

表 16-1　属性设置

对　象	属　性	设　置
Form1	Caption	菜单
Label1	Caption	数据 1
Label2	Caption	数据 2
Label3	Caption	结果：
Label4	Caption	
Label4	BorderStyle	1
Text1	Text	
Text2	Text	
ImageList1		
Toolbar1	Align	1

（3）菜单设置。打开菜单编辑器，属性设置内容在表 16-2 中列出，菜单编辑器界面如图 16-2 所示。

表 16-2　菜单属性设置

菜　单　项	名　称	快　捷　键
运算	YunSuan	无
…加法	Addition	【Ctrl+A】
…减法	Subtraction	【Ctrl+B】
…乘法	Multi	【Ctrl+C】
…除法	Division	【Ctrl+D】
清除数据	ClearAll	无
关闭	Close	无

图 16-2　菜单编辑器界面

（4）为工具栏 Toolbar1 添加按钮。右击 Toolbar1 控件，选择属性，调出属性页，选择按钮。单击"插入按钮"便在 Toolbar1 上添加了一个按钮，设置"工具提示文本"和对应的索引值，其内容在表 16-3 中列出。

（5）为 ImageList1 控件添加图片并建立和 Toolbar1 的关联。为 ImageList1 控件添加图，右击 ImageList1 控件，选择"属性"，调出属性页对话框，选择"图像"。单击插入"插入图片"按钮,逐个浏览、添加为工具栏准备的图片或图标,并设置与具体图片对应的索引值,如图 16-3 所示。

表 16-3　工具栏按钮属性设置

按　　钮	索　　引	样　　式	工具栏提示
按钮 1	1	0	加法
按钮 2	2	0	减法
按钮 3	3	0	乘法
按钮 4	4	0	除法
按钮 5	5	3	
按钮 6	6	0	清空
按钮 7	7	3	
按钮 8	8	0	关闭

建立和 Toolbar1 的关联。右击 Toolbar1 控件,选择通用,在"图像列表"中选择 ImageList1,便建立了 ImageList1 和 Toolbar1 的关联。然后选择按钮,在 Toolbar1 控件的按钮页中,为每一个按钮设置图像编号,使其与 ImageList1 的图片编号相对应,如图 16-4 所示。

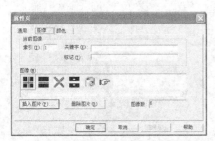

图 16-3　ImageList1 控件设置

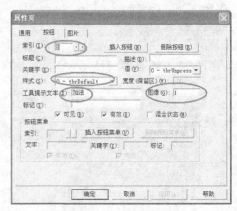

图 16-4　工具栏属性页设置

Toolbar1 按钮索引值与 ImageList1 图片索引值的对应关系在表 16-4 中列出。

表 16-4　工具栏按钮属性设置

按　　钮	按 钮 索 引	ImageList1 图片索引
Toolbar1 按钮 1	1	1
Toolbar1 按钮 2	2	2
Toolbar1 按钮 3	3	3
Toolbar1 按钮 4	4	4
Toolbar1 按钮 5	5	
Toolbar1 按钮 6	6	5
Toolbar1 按钮 7	7	
Toolbar1 按钮 8	8	6

（6）编写代码如下。

```
Public Sub Addition_Click()            '加法
  Label4.Caption = Val(Text1.Text) + Val(Text2.Text)
End Sub
Private Sub Multi_Click()              '乘法
  Label4.Caption = Val(Text1.Text) * Val(Text2.Text)
End Sub
Private Sub Subtraction_Click()        '减法
  Label4.Caption = Val(Text1.Text) - Val(Text2.Text)
End Sub
Private Sub Division_Click()           '除法

  Label4.Caption = Val(Text1.Text) / Val(Text2.Text)
End Sub
Private Sub Form_MouseDown(Button As Integer, Shift As Integer, X As Single,_ Y As
Single)
  If Button = 2 Then                   '右键弹出菜单
    Form1.PopupMenu YunSuan
  End If
End Sub
Private Sub ClearAll_Click()           '清空
  Text1.Text = ""
  Text2.Text = ""
  Label4.Caption = ""
End Sub
Private Sub Close_Click()
  End
End Sub
Private Sub Toolbar1_ButtonClick(ByVal Button As MSComctlLib.Button)
  If Button.Index = 1 Then
    Label4.Caption = Val(Text1.Text) + Val(Text2.Text)
  ElseIf Button.Index = 2 Then
    Label4.Caption = Val(Text1.Text) - Val(Text2.Text)
  ElseIf Button.Index = 3 Then
    Label4.Caption = Val(Text1.Text) * Val(Text2.Text)
  ElseIf Button.Index = 4 Then
    Label4.Caption = Val(Text1.Text) / Val(Text2.Text)
  ElseIf Button.Index = 6 Then
    Text1.Text = ""
    Text2.Text = ""
    Label4.Caption = ""
  ElseIf Button.Index = 8 Then
```

```
      End
    End If
End Sub
```

【例 16.2】 利用文件操作控件，查找硬盘中的 JPG 图片，并预览显示，同时程序可以显示图片存储的完整路径。

 　　　　查找硬盘数据，需要将 Drive 控件、Dir 控件和 File 控件关联起来，形成一级一级的路径关系。程序查询的是 JPG 图片，所以 File 控件的 Pattern 属性需要设置为"*.jpg"。另外需要进行图片的显示，需要在 File 控件的单击事件中将图片加载到 Image（或 Picture)控件中。

设计步骤如下。

（1）界面设计。启动 VB，新建一个工程，在窗体 Form1 上添加一个驱动器列表框控件 Drive1，添加一个目录列表框 Dir1，添加一个文件列表框 File1，添加一个标签 Label1，添加一个图像框 Image1，界面如图 16-5 所示。

图 16-5　程序运行界面

（2）属性设置。属性设置如表 16-5 所示。

表 16-5　属性设置

对　　象	属　　性	设　　置
Form1	Caption	文件操作控件
Label1	Caption	
Label1	BorderStyle	1
Image1	Streth	True

（3）编写代码如下。

```
Private Sub Dir1_Change()
  File1.Pattern = "*.jpg"
  File1.Path = Dir1.Path
End Sub
Private Sub Drive1_Change()
  Dir1.Path = Drive1.Drive
End Sub
```

```
Private Sub File1_Click()
  Dim s As String
  s = Dir1.Path & "\" & File1.FileName
  Label1.Caption = s
  Image1.Picture = LoadPicture(s)
End Sub
Private Sub Form_Load()
  File1.Pattern = "*.jpg"
End Sub
```

四、实训

【实训 16.1】 在 Form1 窗体上画一个名为 Text1 的文本框，然后建立一个主菜单，标题为"操作"，名称为 op，该菜单有两个子菜单，其标题分别为"显示"和"退出"，其名称分别为 Dis 和 Exit。编写适当的事件过程，程序运行后，如果选择"操作"菜单中的"显示"命令，则在文本框中显示"红玫瑰白玫瑰"；如果选择"退出"命令，则结束程序运行。程序运行界面如图 16-6 所示。

图 16-6　程序运行界面

设计步骤如下。

（1）界面设计。启动 VB，新建一个工程，在窗体 Form1 上添加一个文本框 Text1，建立一个主菜单。

（2）建立菜单。用鼠标右击窗体打开菜单编辑器，属性设置内容在表 16-6 中列出。

表 16-6　菜单属性

菜　单　项	名　　称
操作	Op
…显示	Dis
…退出	Exit

（3）编写代码如下。

```
Private Sub Dis_Click()
  Text1.Text = "红玫瑰白玫瑰"
End Sub
Private Sub Exit_Click()
  End
End Sub
```

【实训 16.2】 设计菜单及应用程序界面（见图 16-7），并编程实现如下功能：用户输入一个十进制数后，能够通过菜单项的选择将该数转换为八进制或十六进制数，转换后的数制及注释文字分别显示在左右侧的标签及文本框中。

根据题意建立菜单，程序主要功能是使用 Oct 函数将十进制数转化为八进制数，使用 Hex 函数将十进制数转换为十六进制数。

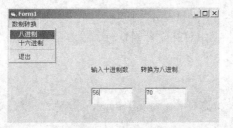

图 16-7 程序界面

设计步骤如下。

（1）界面设计。启动 VB，新建一个工程，在窗体 Form1 上添加两个文本框 Text1 和 Text2，添加两个标签 Label1 和 Label2，建立一个主菜单。

（2）属性设置。属性设置如表 16-7 所示。

表 16-7　属性设置

对　象	属　性	设　置
Text1	Text	
Text2	Text	
Label1	Caption	输入十进制数
Label2	Caption	

（3）建立菜单。用鼠标右击窗体打开菜单编辑器，设置如表 16-8 所示。

表 16-8　菜单属性设置

菜 单 标 题	名　称
数制转换	Zh
…八进制	Ba
…十六进制	Shiliu
…	S
…退出	Exit

（4）编写代码如下。

```
Private Sub ba_Click()
  Label2.Caption = "转换为八进制"
  Dim number As Integer
  number = Val(Text1.Text)
  Text2.Text = Oct(number)
End Sub
Private Sub shiliu_Click()
  Label2.Caption = "转换为十六进制"
  Dim number As Integer
  number = Val(Text1.Text)
  Text2.Text = Hex(number)
End Sub
```

【实训16.3】 设计一个"图片浏览"应用程序，设计界面如图16-8所示。程序运行后，单击"图片浏览"按钮时，弹出打开文件对话框，选择一个BMP文件后，该图片即显示在图形框中。

本实训的关键是使用 CommonDialog 控件，进行通用对话框打开操作。

设计步骤如下。

（1）界面设计。启动VB，新建一个工程，在窗体Form1上添加一个图片框Picture1，添加一个按钮Command1，添加一个通用对话框控件CommonDialog1（单击VB工程菜单下的部件选项，选中"Microsoft Common Dialog Control 6.0"，单击确定，在工具箱中添加通用对话框控件）。

（2）编写代码如下。

```
Private Sub Command1_Click()
  CommonDialog1.Filter = "all files(*.*)|*.*|JPG文件|*.jpg|BMP文件|*.bmp"
  CommonDialog1.FilterIndex = 3
  CommonDialog1.Action = 1
  Picture1.Picture = LoadPicture(CommonDialog1.FileName)
End Sub
```

【实训16.4】 设计一个应用程序，运行界面如图16-9所示。当用户单击工具栏中的某个按钮时，系统可对两个文本框中的操作数做相应的算术运算，并将结果显示在"计算结果"文本框中。

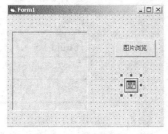

图16-8 界面设置

图16-9 程序运行界面

设计步骤如下。

（1）界面设计。新建一个工程，在窗体Form1上添加3个标签Label1～Label3，添加3个文本框Text1～Text3，添加一个工具栏控件ToolBar1（单击VB工程菜单下的部件选项，选中"Microsoft Windows Common Control 6.0"，单击确定，在工具箱中添加工具栏控件）。

（2）属性设置。属性设置如表16-9所示。

表16-9 属性设置

对　　象	属　　性	设　　置
Label1	Caption	第一个数
Label2	Caption	第二个数
Label3	Caption	计算结果

对 象	属 性	设 置
Text1	Text	
Text2	Text	
Text3	Text	
Toolbar1	BorderStyle	1

（3）为工具栏添加按钮。右击 Toolbar1 控件，选择属性，调出属性页，选择按钮。单击"插入按钮"便在 Toolbar1 上添加了一个按钮，设置标题和对应的索引值，如表 16-10 所示。

表 16-10 工具栏按钮属性

按 钮	索 引	标 题
按钮 1	1	加
按钮 2	2	减
按钮 3	3	乘
按钮 4	4	除

（4）编写代码如下。

```
Private Sub Toolbar1_ButtonClick(ByVal Button As MSComctlLib.Button)
  Select Case Button.Index
  Case 1
    Text3.Text = Val(Text1.Text) + Val(Text2.Text)
  Case 2
    Text3.Text = Val(Text1.Text) - Val(Text2.Text)
  Case 3
    Text3.Text = Val(Text1.Text) * Val(Text2.Text)
  Case 4
    Text3.Text = Val(Text1.Text) / Val(Text2.Text)
  End Select
End Sub
```

【实训 16.5】 在名称为 Form1 的窗体上放置一个名称为 Drive 的 DriveListBox 控件、一个名称为 Dir 的 DirListBox 控件、一个名称为 File1 的 FileListBox 控件。程序运行时，可以对系统中的文件进行浏览，当双击 File1 中的文件名时，用 MsgBox 显示文件名（不显示路径名）。

查找硬盘的数据，需要将 Drive 控件、Dir 控件和 File 控件关联起来，形成一级一级的路径关系。显示 File 控件中的文件名称，需要在 File 控件的双击事件中使用 MsgBox 函数将文件名显示出来。

设计步骤如下。

（1）界面设计。启动 VB，新建一个工程，在窗体 Form1 上添加一个驱动器列表框控件 Drive1，添加一个目录列表框 Dir1，添加一个文件列表框 File1，可对控件的大小位置等进行调整。

（2）编写代码如下。

```
Private Sub Dir1_Change()
  File1.Path = Dir1.Path
End Sub
Private Sub Drive1_Change()
  Dir1.Path = Drive1.Drive
End Sub
Private Sub File1_DblClick()
  MsgBox File1.FileName
End Sub
```

五、习题与思考

1. 编写程序，建立一个打开文件对话框，然后通过这个对话框选择一个可执行文件，并执行它。例如程序运行后，在对话框中选择 Windows 下的"计算器"程序，然后执行这个程序，显示"计算器"程序窗口。

2. 设计程序：在 Form1 的窗体上画一个名称为 Text1 的文本框，然后建立一个主菜单，标题为"操作"，名称为 mnuOp，该菜单有两个子菜单，其标题分别为"显示"和"退出"，其名称分别为 mnuDis 和 mnuExit，编写适当的事件过程。程序运行后，如果单击"操作"菜单中的"显示"命令，则在文本框中显示"等级考试"；如果单击"退出"命令，则结束程序运行。

3. 设计多窗体程序：包含 3 个窗体 Form1、Form2 和 Form3。其中 Form1 为应用程序的主窗体，在主窗体上有 3 个命令按钮，分别是"输入成绩"、"计算成绩"和"结束"。单击"输入成绩"按钮时，显示 Form2 窗体，在该窗体上可输入数学、英语、计算机和英语 4 门课程的成绩，输入后单击"返回"按钮，返回 Form1 窗体。单击 Form1 窗体上的 "计算成绩"按钮时，显示 Form3 窗体，在该窗体上显示刚才输入的 4 门课的平均分和总分，单击"返回"按钮，返回 Form1 窗体。单击 Form1 窗体的"结束"按钮时，结束程序。设计该程序界面并编写相应代码。

实验 17 图形操作

一、实验目的

1. 理解 VB 坐标系和坐标的概念。
2. 掌握画点、线和圆等基本图形的方法。
3. 掌握图形方法中颜色、线宽等参数的设置。

二、实验内容及步骤

【例 17.1】 制作一个简单的画图程序，程序具备如下功能。

- 显示当前鼠标所在位置的坐标。
- 按下左键开始沿鼠标运动轨迹绘制线路。
- 按下右键绘制一个几何图形。
- 根据选择制定不同的画图颜色。
- 根据选择制定不同的线宽。
- 使用清屏按钮清屏。

设计步骤如下。

（1）建立工程 1.vbp、窗体 Form1.frm 并保存。

（2）向 Form1 中添加 5 个标签、2 个文本框、3 个组合框、1 个命令按钮。

（3）分别设置控件属性，如表 17-1 所示。

表 17-1 属性设置

对 象	属 性	设 置
Form1	Autoredrew	True
Label1	Caption	X 坐标：
Label2	Caption	Y 坐标：
Label3	Caption	右键图形：
Label4	Caption	颜色：
Label5	Caption	线宽：
Text1	Text	Null

对　象	属　性	设　置
Text2	Text	Null
Command1	Caption	清屏
Combo1	Style	2-dropdown list
Combo2	Style	2-dropdown list
Combo3	Style	2-dropdown list
Combo1	List	圆 椭圆 点
Combo2	List	黑色 红色 蓝色

（4）在代码窗口添加如下程序。

```
'############################################################
'#######定义全局变量
Dim curx As Single          '记忆鼠标 X 坐标
Dim cury As Single          '记忆鼠标 Y 坐标
Dim yanse As Single         '制定的颜色
'############################################################
'## 过程名称: Form_Load
'## 参数: 无
'## 功能: 将三个组合框默认选择 0
'############################################################
Private Sub Form_Load()
    Combo1.ListIndex = 0
    Combo2.ListIndex = 0
    Combo3.ListIndex = 0
End Sub
'############################################################
'## 过程名称: Form_MouseDown //（鼠标按下）
'## 参数: Button 为 Integer 型（左右键参数）
'## 参数: Shift 为 Integer 型（shift 同时按下参数）
'## 参数: X 为 Single 型（鼠标坐标 X）
'## 参数: Y 为 Single 型（鼠标坐标 Y）
'## 功能: 按下左键鼠标变为十字花显示
'## 功能: 按下右键绘制一个几何图形
'############################################################
Private Sub Form_MouseDown(Button As Integer, Shift As Integer, X As Single, Y As
Single)
    If Button = 1 Then                      '按下左键
```

```
        MousePointer = 2                          '鼠标变为十字花显示
        curx = X
        cury = Y
      End If
      If Button = 2 Then                          '按下右键
        Select Case Combo2.ListIndex              '设置颜色
        Case 0
          yanse = RGB(0, 0, 0)                    '黑色
        Case 1
          yanse = RGB(255, 0, 0)                  '红色
        Case 2
          yanse = RGB(0, 0, 255)                  '蓝色
        End Select
        Select Case Combo1.ListIndex              '绘制图形
        Case 0
        Circle (X, Y), 500, yanse                 '绘制圆
        Case 1
        Circle (X, Y), 500, yanse, , , 1.6        '绘制椭圆
        Case 2
        PSet (X, Y), yanse                        '绘制点
        End Select
      End If
End Sub
'####################################################################
'## 过程名称: Form_MouseMove// (鼠标移动过程)
'## 参数: Button 为 Integer 型
'## 参数: Shift 为 Integer 型
'## 参数: X 为 Single 型
'## 参数: Y 为 Single 型
'## 功能: 在 Text1、Text2 显示鼠标当前 X、Y 坐标
'## 功能: 当鼠标指针为十字花显示时沿鼠标移动轨迹画线
'####################################################################
Private Sub Form_MouseMove(Button As Integer, Shift As Integer, X As Single, Y As
Single)
    Text1.Text = X                               '显示鼠标 X 坐标
    Text2.Text = Y                               '显示鼠标 Y 坐标
    DrawWidth = Combo3.Text                       '设置线宽
    If MousePointer = 2 Then
      Select Case Combo2.ListIndex                '设置颜色
      Case 0
        yanse = RGB(0, 0, 0)
      Case 1
        yanse = RGB(255, 0, 0)
```

实验 17　图形操作

```
     Case 2
       yanse = RGB(0, 0, 255)
     End Select
     Line (curx, cury)-(X, Y), yanse        '画线
     curx = X
     cury = Y
     End If
 End Sub
 '####################################################################
 '## 过程名称: Form_MouseUp//（放开鼠标）
 '## 参数: Button 为 Integer 型
 '## 参数: Shift 为 Integer 型
 '## 参数: X 为 Single 型
 '## 参数: Y 为 Single 型
 '## 功能: 鼠标指针恢复默认显示
 '####################################################################
 Private Sub Form_MouseUp(Button As Integer, Shift As Integer, X As Single, Y As Single)
     If Button = 1 Then
         MousePointer = vbDefault
     End If
 End Sub
 '####################################################################
 '## 过程名称: Command1_Click
 '## 参数: 无
 '## 功能: 清屏
 '####################################################################
 Private Sub Command1_Click()
 Cls
 End Sub
```

（5）运行效果如图 17-1 所示。

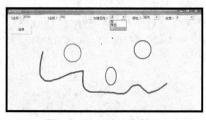

图 17-1　程序运行效果

三、实训

【实训 17.1】　创建一个工程，使用形状控件绘制各种不同的图形，修改控件的有关属性，观察图形变化的情况。

设计步骤如下。

（1）创建工程和窗体。

（2）使用直线控件分别绘制 3 条横线 Line1、Line2、Line3 和 3 条竖线 Line4、Line5、Line6。

（3）修改直线位置属性，如表 17-2 所示。

表 17-2　属性设置（1）

控件	X1	Y1	X2	Y2
Line1	1320	1080	3240	1080
Line2	1320	1440	3240	1440
Line3	1320	1800	3240	1800
Line4	1800	600	1800	2400
Line5	2280	600	2280	2400
Line6	2760	600	2760	2400

（4）修改直线其他属性，如表 17-3 所示。

表 17-3　属性设置（2）

控件	Borderstyle	Borderwidth	Bordercolor
Line1	1-solid	4	&H000000FF&
Line2	2-dash	1	&H000000FF&
Line3	3-dot	1	&H000000FF&
Line4	4-dash-dot	1	&H00FF0000&
Line5	5-dash-dot-dot	1	&H00FF0000&
Line6	6-inside solid	6	&H0000FF00&

（5）运行效果如图 17-2 所示。

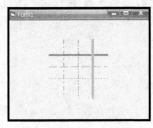

图 17-2　程序运行效果

（6）将所有线的 Borderwidth 属性改为 6，然后再运行。

【实训 17.2】　使用 Pset 方法在窗体上画 100 个大小不同的随机点，点的颜色也随机变化。

循环语句循环 100 次，分别绘制 100 个随机点。在循环体中首先随机生成点的大小，然后使用 Pset 方法绘制随机点。Pset 参数分别使用随机函数生成随机的位置，位置 x 在 0～$Scalewidth$ 之间，位置 y 在 0～$Scaleheight$ 之间，颜色使用 RGB 函数获得，RGB 的 3 个参数分别为 3 个 0～255 之间的随机整数。

设计步骤如下。

（1）建立工程和窗体。

（2）在代码窗口编写如下代码。

```
Private Sub Form_Click()
    Dim i As Integer
    Cls                                 '清屏
    Randomize                           '重新随机
    For i = 1 To 100
        DrawWidth = Int(100 * Rnd) + 1  '生成点的随机大小（1~100）
        '随机画点
        PSet(Rnd*ScaleWidth,Rnd*ScaleHeight),RGB(Int(Rnd*255),Int(Rnd*255),
Int(Rnd*255))
    Next i
End Sub
```

（3）运行效果如图 17-3 所示。

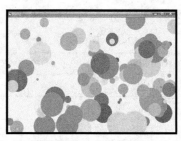

图 17-3　程序运行效果

【实训 17.3】　用画圆的方法画太极图。

太极图由 1 个大圆 A、2 个直径为大圆二分之一的半圆 B1、B2，以及 2 个实心小圆组成，这几个圆的圆心和半径均不相同，但其坐标在一条横线上，即 Y 坐标都相同。另外，大圆的圆心在窗体中心位置。当鼠标单击窗体时，采用 Circle 方法分别画出这 5 个圆。

设计步骤如下。
（1）建立工程和窗体。
（2）在代码窗口编写如下代码。

```
Private Sub Form_Click()
    Dim A_x As Double               ' A 圆圆心坐标 X
    Dim A_y As Double               ' A 圆圆心坐标 Y（5 个圆相同）
    Dim A_R As Double               ' A 圆半径
    Dim B_R As Double               ' B1、B2 圆半径（相同）
    Dim B1_x As Double              ' B1 圆圆心坐标 x（与实心小圆同心）
    Dim B2_X As Double              ' B2 圆圆心坐标 x（与实心小圆同心）
    ScaleMode = 7
    Const pi = 3.14159265
    A_x = ScaleWidth / 2            ' 确定圆 A 圆心坐标
    A_y = ScaleHeight / 2
    If A_x > A_y Then               ' 确定圆 A 半径大小
```

```
        A_R = A_y
    Else
        A_R = A_x
    End If
    B_R = A_R / 2                        ' 确定圆 B 半径大小
    FillStyle = 0
    FillColor = RGB(255, 255, 255)       ' 设置圆 A 的颜色为白色画圆 A
    ForeColor = RGB(0, 0, 0)
    Circle (A_x, A_y), A_R
    FillColor = RGB(0, 0, 0)             ' 将圆 A 下半个圆用黑色扇形覆盖
    Circle (A_x, A_y), A_R, , -pi, -2 * pi
    B1_x = A_x - B_R                     ' 设置画圆 B1、B2 的圆心坐标
    B2_X = A_x + B_R
    FillStyle = 0
    FillColor = RGB(0, 0, 0)             ' 设置画黑色圆 B1
    ForeColor = RGB(0, 0, 0)
    Circle (B1_x, A_y), B_R
    FillStyle = 0
    FillColor = RGB(255, 255, 255)       ' 设置画白色圆 B2
    ForeColor = RGB(255, 255, 255)
    Circle (B2_X, A_y), B_R
    FillColor = RGB(255, 255, 255)       ' 设置画白色实心圆
    FillStyle = 0
    Circle (B1_x, A_y), B_R / 4
    FillColor = RGB(0, 0, 0)             ' 设置画黑色实心圆
    Circle (B2_X, A_y), B_R / 4
End Sub
```

【实训 17.4】　绘制余弦曲线。
设计步骤如下。
（1）建立工程和窗体。
（2）在代码窗口编写如下代码。

```
Const pi = 3.14159265
Dim a
Private Sub Form_Click()
    Cls
    ScaleMode = 0
    ScaleMode = 3
    Scale (-10, 10)-(10, -10)
    DrawWidth = 1
    Line (-10, 0)-(10, 0)
    Line (9, 0.5)-(10, 0)
```

```
    Line -(9, -0.5)
    Print "x"
    Line (0, 10)-(0, -10)
    Line (0.5, 9)-(0, 10)
    Line -(-0.5, 9)
    Print "y"
    CurrentX = 0.5
    CurrentY = -0.5
    Print "O"
    DrawWidth = 2
    For a = -2 * pi To 2 * pi Step pi / 6000
        PSet (a, Cos(a) * 5)
    Next
    CurrentX = pi / 2
    CurrentY = -7
    Print "余弦曲线示意"
End Sub
```

（3）运行效果如图 17-4 所示。

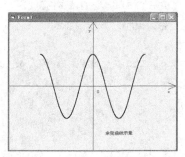

图 17-4　程序运行效果

四、习题与思考

1. 在窗体上绘制如图 17-5 所示的扇形图。

2. 设 $y = e^{-0.5x} \sin(2\pi x)$，绘制动态数学曲线，使其形成动画效果，程序运行界面如图 17-6 所示。

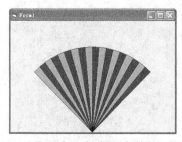

图 17-5　扇形图运行结果

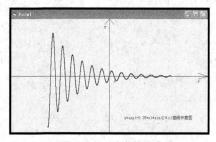

图 17-6　动态数学曲线

PART 18

实验 18
VB 数据库开发

一、实验目的

1. 理解数据库相关概念，并能够使用数据管理器创建数据库和数据表。
2. 掌握数据控件的使用方法。
3. 掌握数据库开发的整个流程和简单的 SQL 设计。
4. 了解数据库应用程序的设计方法。

二、实验内容及步骤

【例 18.1】 创建学生管理数据库 Xsgl.mdb 和学生成绩表 xscj，表结构如表 18-1 所示。

表 18-1　学生成绩表结构

字　段　名	数　据　类　型	长　度
学号	字符型	8
姓名	字符型	
英语	单精度	
计算机	单精度	
平均成绩	单精度	
总成绩	单精度	

其中学号字段为主索引，输入 10 个记录的前 4 个字段信息，利用 ADO 对象连接数据库，计算平均成绩和总成绩。查询 xscj 中所有记录，向记录集中添加一条新记录，各字段的值由用户更新。

设计步骤如下。

（1）创建学生管理数据库 Xsgl.mdb。

① 新建一个工程。

② 单击主菜单"外接程序"下的"可视化数据管理器"，运行界面如图 18-1 所示。

③ 创建数据库。单击 VisData 窗口的"文件"菜单，选择菜单中的"新建"选项，在弹出菜单中选择"Microsoft Access"，如图 18-2 所示。

图 18-1 可视化数据管理器

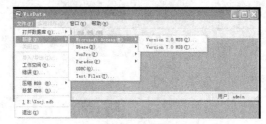

图 18-2 选择数据库

④ 单击"Version 7.0 MDB"选项,则打开创建数据库对话框,在对话框中输入文件名 Xsgl,如图 18-3 所示。

⑤ 单击"保存"按钮后,在 VisData 窗口出现"数据库窗口"和"SQL"语句两个子窗口。在"数据库窗口"中单击 Properties 前的"+",列出数据库的常用属性,如图 18-4 所示。

图 18-3 选择要创建的数据库文件对话框

图 18-4 新建数据库的常用属性

(2)创建学生成绩表 xscj。

① 在"数据库窗口"里,鼠标右键单击空白处,在弹出的快捷菜单中选择"新建表",就会出现"表结构"对话框,如图 18-5 所示。

图 18-5 建立 xscj 表的结构对话框

② 在"表名称"文本框中输入表名"xscj"。

③ 单击"添加字段"按钮,打开"添加字段"对话框,如图 18-6 所示;在"名称"文本框中输入"学号",类型为"Text",大小为 8,然后单击"确定"按钮。继续添加其他字段。

④ 对输入完成的数据表，设置索引。在"表结构"窗口中单击"添加索引"按钮，弹出对话框如图 18-7 所示；单击可用字段列表中的"学号"选项，然后在"名称"文本框中输入索引的名字"学号"，单击"确定"按钮。

图 18-6　添加字段对话框

图 18-7　添加索引对话框

⑤ 输入 10 条数据，在"数据库窗口"里，鼠标右键单击"xscj"表，在弹出的快捷菜单中选择"打开"，就会出现如图 18-8 所示的对话框。再单击"添加"按钮，在弹出的新对话框窗口中输入数据，单击"更新"按钮，如图 18-9 所示。

（3）利用 ADO 对象连接数据库，计算平均成绩和总成绩。

① 新建 VB 工程。

② 在工程中添加 ADO 引用。选择"工程"菜单中的"引用"命令，弹出如图 18-10 所示的对话框。在其中选择"Microsoft ActiveX Data Objects 2.0 Library"，在前面的复选框中打上对号。单击"确定"按钮后完成 ADO 的引用。

图 18-8　数据库中的数据显示

图 18-9　数据库中的数据添加

图 18-10　添加 ADO 引用

③ 在窗体上添加一个按钮，将其 Caption 属性设置为"计算"。

④ 为"计算"按钮编写事件过程，代码如下。

```
Private Sub Command1_Click()
  Dim cnn As New ADODB.Connection
  'ADO 对象连接数据库，请把路径改为自己的数据库路径
  cnn.Open "PROVIDER=Microsoft.jet.oledb.3.51;" & "data source=" & app.path &
"\xsgl.mdb;"
  cnn.Execute "update xscj set 平均成绩=(英语+计算机)/2,总成绩=英语+计算机"
  cnn.Close
End Sub
```

（4）查询 xscj 中所有记录，向记录集中添加一条新记录，各字段的值由用户更新。

① 在刚才的工程里面添加一个新按钮，标题为"更新"。

② 编写如下事件过程代码。

```
Private Sub Command1_Click()
  Dim cnn As New ADODB.Connection
  Dim rs As New ADODB.Recordset
  Dim t As String
  'ADO 对象连接数据库，请把路径改为自己的数据库路径
  cnn.Open "PROVIDER=Microsoft.jet.oledb.3.51;" & "data source=" & app.path &
"\xsgl.mdb;"
  rs.Open "select * from xscj", cnn, adOpenDynamic, adLockPessimistic, adCmdText
  rs.AddNew
  For i = 0 To 5
    rs(i) = InputBox("请输入第" & i + 1 & "个数据")
  Next i
  rs.Update
  rs.Close
  cnn.Close
End Sub
```

三、实训

【实训 18.1】 利用 VB 提供的数据管理器，创建一个有关学生基本情况的数据库。学生基本情况表的结构如表 18-2 所示。

表 18-2　学生基本情况表结构

字段名	类　　型	宽　　度	字段名	类　　型	宽　　度
学号	Text	6	专业	Text	10
姓名	Text	10	出生年月	Date	8
性别	Text	2	照片	Binary	

（1）打开一个新工程。

（2）打开"可视化数据管理器"窗口。

（3）选择"VisData"窗口的"文件"菜单中"新建"命令，选择"Microsoft Access"命令。

（4）选择"Version7.0MDB"命令，打开创建数据库对话框。

（5）输入文件名为"xsgl"，并保存（"D/data/xsgl.mdb"）。

（6）在"数据库窗口"对话框中，鼠标右键单击"Propertis"，在快捷菜单中选择"新建表"命令。

（7）在弹出的"表结构"对话框中，输入数据表的表名："学生基本情况表"。

（8）单击"添加字段"按钮，分别添加表中的字段名、类型和长度。

（9）添加完成后单击关闭按钮关闭"表结构"窗口。

（10）在"数据库窗口"中用鼠标右键单击"学生基本情况表"表。

（11）在弹出的快捷菜单中选择"打开"命令，调出"Dynaset"窗口。

（12）在该窗口中输入记录数据，如表 18-3 所示。

表 18-3 学生基本情况表数据

学　　号	姓　　名	性　　别	专　　业	出 生 年 月	照　　片
080001	王瑞瑶	女	计算机	1980−1	空
080002	丁雨菲	男	机械	1981−2	空

（13）输入完毕后单击"更新"按钮，把数据保存到表中，全部输入完毕后关闭对话框窗口。

【实训 18.2】 利用 ADO 控件编写学生档案管理程序（数据表为上题建立的学生基本情况表）。要求程序具有增加、删除和修改记录的功能。

利用已经建立好的数据表和 ADO 控件编写数据库应用程序，使用 ADO DATA 控件连接数据库，根据要求添加"增加"、"删除"、"修改"3 个命令按钮，并添加相应的代码，最后给图片框的双击过程添加代码，满足通过双击图片框来增加或修改当前数据库中图片的要求。

设计步骤如下。

（1）建立新的工程和窗体，在"工程"菜单中选择"部件"，添加"Microsoft ADO Data Control 6.0 (OLEDB)"控件和"Microsoft Common Dialog Control 6.0"控件。

（2）在窗体中添加一个 ADO 数据控件。

① 利用鼠标右键单击 ADO Data 控件，选择"ADODC 属性"命令，打开"属性页"对话框。

② 在"通用"选项卡选择"使用连接字符串"，单击"生成"打开"数据连接属性"对话框，选择"提供者"选项卡，选择"Micorsoft Jet 4.0 OLE DB Provider"后单击下一步，在连接选项页用鼠标单击"选择或输入数据库名称"右面的按钮或直接输入上面数据库的名称（D/data/xsgl.mdb），在"表或存储过程名称"中选择"学生基本情况表"。

③ 单击测试连接。如果连接成功则显示"测试连接成功"。在"属性页"对话框中选择"记录源"选项卡，设置命令类型为"2-adCmdTable"，单击"确定"按钮完成设置。

④ 向窗体中添加 1 个 commonDialog、7 个标签、5 个文本框、1 个图片框和 4 个命令按钮，分别设置属性如表 18-4 所示。

表 18-4 控件属性设置表

对　　象	属　　性	设　　置
Text1		
Text2		
Text3	Datasource	Adodc1
Text4		
Text5		
Text1		学号
Text2		姓名
Text3	Datafield	性别
Text4		专业
Text5		出生年月
ADODC1	Caption	学生基本情况表

对　象	属　性	设　置
Command1 Command2 Command3 Command4	Caption	增加 修改 删除 关闭
Picture1	Datasource Datafield	Adodc1 照片

⑤ 添加完成后窗体界面如图 18-11 所示。

图 18-11 "学生基本情况查询"运行界面

（3）在代码窗口添加如下程序。

```
'添加 "增加" 代码
Private Sub Command1_Click()
  Adodc1.Recordset.AddNew
  Picture1.DataChanged = True        '用来更改图片数据
  Adodc1.Recordset.Update
  Picture1.DataChanged = True
End Sub
'添加 "修改" 代码
Private Sub Command2_Click()
  Picture1.DataChanged = True
  Adodc1.Recordset.Update
End Sub
'添加 "删除" 代码
Private Sub Command3_Click()
  Adodc1.Recordset.Delete
  Adodc1.Recordset.Close        '删除后，先关闭记录集，然后重新打开
  Adodc1.Recordset.Open         '刷新当前数据库数据
  Adodc1.Refresh
End Sub
'添加 "关闭" 代码
Private Sub Command4_Click()
  End
```

```
End Sub
'添加 "选择图片" 代码
Private Sub Picture1_Click()
Dim picturename As String
    With CommonDialog1
        .Filter = "JPG Files|*.JPG|Bitmaps|*.BMP|gif Files|*.gif"
        .ShowOpen
        picturename = .FileName
    End With
  Picture1.Picture = LoadPicture(picturename)
End Sub
```

四、习题与思考

建立销售管理数据库 Xsgl.mdb，在数据库中建立数据表 xs，表结构如表 18-5 所示。

表 18-5   数据表 xs 的结构

字 段 名	类 型	宽 度
编号	字符型	5
商品名	字符型	8
单价	单精度型	
数量	整型	
销售额	单精度型	

输入 10 条记录，实现如下功能。

（1）利用 ADO 对象连接数据库，按照"销售额=单价×数量"计算每种商品的销售额。

（2）使用 ADO 控件编写销售管理程序，实现数据的添加、修改、删除功能，并可以按编号查询商品。

实验 19
VB 多媒体应用

一、实验目的

1. 熟悉多媒体设备的控制方法。
2. 掌握 MMControl 控件的使用，了解 MCI 命令的含义及发送方法。
3. 学习多媒体编程技巧。

二、实验内容及步骤

【例 19.1】 用 MMControl 控件制作录音机程序。

设计步骤如下。

（1）打开"部件"对话框，选中 Microsoft Multimedia Control 6.0 和 Microsoft Common Dialog，单击"确定"按钮。

（2）把 MMControl1 控件和 CommonDialog1 控件添加到窗体中。

（3）建立菜单，其设置如表 19-1 所示。

表 19-1　菜单设置表

对　象	标　题	名　称
菜单	新建	Menufilenew
菜单	打开	Menufileopen
菜单	关闭	Menufileclose
菜单	保存	Menufilesave
菜单	另存为	Menufilesaveas
菜单	录制	Menurecord

（4）编写窗体加载模块，设置 MMControl1 的属性，代码如下。

```
Private Sub Form_load()
    MMControl1.DeviceType="Waveaudio"
    MMControl1.Command="open"
    MMControl1.UpdateInterval =0
    MMControl1.TimeFormat=0
```

```
    MenuFileClose.Enabled=false
    MenuFileSave.Enabled=false
    MenuFileSaveAs.Enabled=false
    MenuRecord.Enabled=false
End Sub
```

（5）编写打开菜单模块，代码如下。

```
Private Sub MenuFileOpen_click()
    Dim ms As Single
    On Error Resume Next
    CommonDialog1.Filter="Wave 文件*.wav|*.wav|所有文件*.*|*.*"
    CommonDialog1.ShowOpen
    If Err.Number>0 Then Exit Sub
    MMControl1.FileName=CommonDialog1.FileName
    MMControl1.UpdateInterval=50
    MMControl1.Command="Open"
    Ms=MMControl1.Length/1000
    Hscroll1.Max=ms*10
    MenuFileNew.Enabled=False
    MenuFileOpen.Enabled=False
    MenuFileClose.Enabled=True
    MenuFileSave.Enabled=True
    MenuFileSaveAS.Enabled=True
    MenuRecord.Enabled=True
End Sub
```

（6）编写关闭菜单模块，代码如下。

```
Private Sub MenuFileClose_click()
    MMControl1.Command="Clse"
    MMControl1.UpdateInterval=0
    MenuFileNew.Enabled=True
    MenuFileOpen.Enabled= True
    MenuFileClose.Enabled=False
    MenuFileSave.Enabled=False
    MenuFileSaveAS.Enabled=False
    MenuRecord.Enabled=False
End Sub
```

（7）编写文件新建菜单模块，代码如下。

```
Private Sub MenuFilenew_click()
    MMControl1.DeviceType="Waveaudio"
    MMControl1.FileName="未命名.wav"
    MMControl1.Command="open"
```

```
    MMControl1.UpdateInterval =50
    MenuFileNew.Enabled=false
    MenuFileOpen.Enabled=false
    MenuFileClose.Enabled=True
    MenuFileSaveAs.Enabled=True
    MenuRecord.Enabled=True
End Sub
```

（8）编写退出菜单模块，代码如下。

```
Private Sub MenuQuit_click()
    Mf=MMControl1.FileName
    MMControl1.Command="stop"
    MMControl1.Command="close"
End Sub
```

（9）编写保存菜单模块，代码如下。

```
Private Sub MenufileSave_click()
    MMControl1.Command="save"
End Sub
```

（10）编写"另存为"菜单模块，代码如下。

```
Private Sub MenufileSaveAs_click()
    On Error Resume Next
    If CommonDialog1.FileName="" then CommonDialog1.FileName="未命名.wav"
    CommonDialog1.Filter=" Wave 文件*.wav|*.wav|所有文件*.*|*.*"
    CommonDialog1.ShowSave
    If Err.Number>0 then exit Sub
    MMControl1.FileName=CommonDialog1.FileName
    MMControl1.Command="save"
End Sub
```

（11）编写录音菜单模块，代码如下。

```
Private Sub MenuRecord_click()
    MMControl1.Command="record"
End Sub
```

（12）编写滚动条模块，代码如下。

```
Private Sub MMControl1_StatusUpdate()
    Hscroll1.Max=MMControl1.Length/100
    Hscroll1.Value=MMControl1.Positon/100
End Sub
```

三、实训

【实训 19.1】 使用多媒体控件编制一个可以播放 CD 音频文件的程序。

 如图 19-1 所示，在窗体上添加标签、命令按钮和多媒体控件，令多媒体控件不可见，然后利用多媒体控件的接口编写播放、停止、上一首、下一首、暂停的命令按钮的程序，使界面便于用户操作。

设计步骤如下。

（1）如图 19-1 所示，添加控件。

图 19-1　CD 播放器界面

（2）设置控件属性，如表 19-2 所示。

表 19-2　属性设置表

对　　象	属　　性	设　　置
Form	Caption	CD 播放器
MMControl1	Visible	False
Label1	Caption	CD 播放器
Label2	Caption	当前播放曲目：
Label3	Caption	Null
Command1	（名称）	Cstart
	Caption	开始
Command2	（名称）	Cpause
	Caption	暂停
Command3	（名称）	Cprev
	Caption	上一首
Command4	（名称）	Cnext
	Caption	下一首
Command5	（名称）	Cstop
	Caption	停止
Command6	（名称）	Cexit
	Caption	退出

（3）添加如下 Form_load( )代码。

```
Private Sub Form_Load()
```

```
    MMControl1.DeviceType = "CDaudio"
    MMControl1.Command = "open"
    Cstop.Enabled = False
    Cpause.Enabled = False
End Sub
```

（4）添加开始代码，如下。

```
Private Sub Cstart_Click()
    MMControl1.Command = "play"
    Cstart.Enabled = False
    Cstop.Enabled = True
    Cpause.Enabled = True
End Sub
```

（5）添加暂停代码，如下。

```
Private Sub Cpause_Click()
    MMControl1.Command = "pause"
    Cstart.Enabled = True
    Cstop.Enabled = True
    Cpause.Enabled = False
End Sub
```

（6）添加前一首代码，如下。

```
Private Sub Cprev_Click()
    MMControl1.Command = "prev"
End Sub
```

（7）添加下一首代码，如下。

```
Private Sub Cnext_Click()
    MMControl1.Command = "next"
End Sub
```

（8）添加停止代码，如下。

```
Private Sub Cstop_Click()
    MMControl1.Command = "stop"
    Cstart.Enabled = True
    Cstop.Enabled = False
    Cpause.Enabled = False
End Sub
```

（9）添加退出代码，如下。

```
Private Sub Cexit_Click()
    End
End Sub
```

（10）添加多媒体 StatusUpdate 代码，如下。

```
Private Sub MMControl1_StatusUpdate()
  Select Case MMControl1.Mode
  Case 525
    Label3.Caption = "stop"
  Case 526
    Label3.Caption = "start"
  Case 529
    Label3.Caption = "pause"
  End Select
  Label2.Caption ="当前播放曲目: "+ MMControl1.Tracks
End Sub
```

四、习题与思考

1. 使用媒体播放机控件播放动画文件。
2. 设计一个动画播放器，使用多媒体控件 MMControl 播放以 AVI 为扩展名的动画文件。

实验 20
ActiveX 控件

一、实验目的

1. 掌握 ActiveX 控件的概念。
2. 掌握简单 ActiveX 控件的制作、测试及使用。

二、实验内容及步骤

【例 20.1】 建立一个名片的 ActiveX 控件，包括公司名称和 LOGO，用户的姓名、职务、地址、电话、手机和传真等属性。界面如图 20-1 所示。

图 20-1 界面设计

建立一个新的 ActiveX 控件，将标签、框架、图片和横线加入到控件窗口中，然后使用"外接程序"菜单中的"ActiveX 控件接口向导"命令添加属性，连接属性对应的控件内容。这样，一个名片的 ActiveX 控件就制作完成了。

设计步骤如下。
（1）建立一个新的 ActiveX 控件。
（2）添加 1 个框架、11 个标签、1 条横线和 1 个图像框，设置属性如表 20-1 所示。

表 20-1 属性设置表

对 象	属 性	设 置
Label1	Name	L_comname
	Caption	公司名称
	Fontsize	24
Label2	Name	L_name
	Caption	姓名
	Fontsize	24

对　象	属　性	设　置
Label3	Name	L_zw
	Caption	职务
	Fontsize	16
Label4	Name	L_dz
	Caption	地址
	Fontsize	10
Label5	Name	L_dh
	Caption	电话
	Fontsize	10
Label6	Name	L_sj
	Caption	手机
	Fontsize	10
Label7	Name	L_cz
	Caption	传真
	Fontsize	10
Label8	Name	L_1
	Caption	地址：
	Fontsize	10
Label9	Name	L_2
	Caption	电话：
	Fontsize	24
Label10	Name	L_3
	Caption	手机：
	Fontsize	10
Label11	Name	L_cz
	Caption	传真：
	Fontsize	10

（3）添加属性。执行"外接程序"菜单中的"ActiveX 控件接口向导"命令，打开"ActiveX 控件接口向导"对话框，如图 20-2 所示。

（4）如果"外接程序"菜单中没有"ActiveX 控件接口向导"命令，可执行该菜单中的"外接程序管理器"命令，打开"外接程序管理器"对话框，如图 20-3 所示。在该对话框中双击"VB ActiveX 控件接口向导"，然后单击"确定"按钮。

（5）单击"下一步"按钮，显示"选定接口成员"对话框，如图 20-4 所示。用">"或"<"按钮可以把选择的成员从一个列表框移到另一个列表框，用"<<"或">>"按钮可把一个列表框中全部成员移到另一个列表框。

图 20-2　ActiveX 控件接口向导

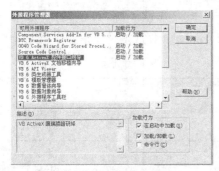

图 20-3　外接程序管理器

图 20-4　"选定接口成员"对话框

（6）单击"下一步"按钮，显示"创建自定义接口成员"对话框，如图 20-5 所示。单击"新建"按钮，将打开"添加自定义成员"对话框，如图 20-6 所示。在该对话框中的"名称"栏中输入成员名称（例如"姓名"），在"类型"部分选择"属性"，然后单击"确定"按钮，即为用户控件建立一个属性。重复上述操作，依次添加控件，添加后界面如图 20-7 所示。单击"下一步"按钮，显示"设置映射"对话框，如图 20-8 所示。

图 20-5　"创建自定义接口成员"对话框

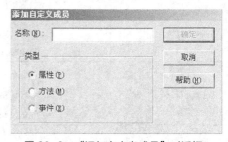

图 20-6　"添加自定义成员"对话框

（7）在"公有名称"列表框中选择"公司 LOGO"。在"控件"的下拉列表中选择"Image1"。在"成员"的下拉列表中选择"Picture"。分别把"公司名称"、"姓名"、"地址"、"电话"、"手机"、"传真"、"职务"映射到 Lcomname、Lname、Ldz、Ldh、Lsj、Lcz、Lzw，在"成员"的下拉列表中均选择"Caption"。单击"下一步"按钮，显示"已完成"对话框。

（8）保存工程，编译生成 OCX 文件发布。单击"文件"的"保存工程"，分别保存文件为"mp.clt"、"mp.vbp"。单击工程窗口"ActiveX 控件示例"。选择"文件"生成"mp.ocx"。

（9）测试控件。新建工程，在部件中加入 mp.ocx 控件。添加名片控件到窗体中，查看运行结果。

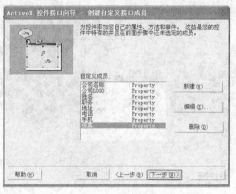

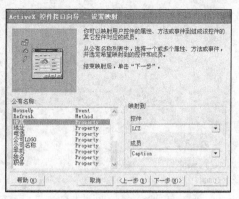

图 20-7　添加后的对话框　　　　　　　图 20-8　"设置映射"对话框

三、实训

【实训 20.1】　制作一个 ActiveX 控件，它可以用来显示当前的日期、星期和时间。

设计步骤如下。

（1）建立 Active X 控件工程。新建 usercontrol 对象。在属性窗口将 usercontrol 对象的名称改为"电子表"。

（2）在 usercontrol 对象上设计控件界面。

（3）编写如下程序代码。

```
Private Sub Timer1_Timer()
  Label1.caption=hour(Time) &"时" & minute(Time) &"分"second(Time)&"秒"
End Sub
```

（4）保存工程，编译生成 OCX 文件发布。

单击"文件"的"保存工程"，保存文件为"电子表.clt"和"ActiveX 控件示例.vbp"。单击工程窗口"ActiveX 控件示例"。选择"文件"生成"ActiveX 控件示例.ocx"。

（5）测试控件。新建工程作为测试的工程。关闭 ActiveX 控件的设计窗口。使用电子表控件。

【实训 20.2】　在 VB 程序中使用上题中制作的 ActiveX 控件。

设计步骤如下。

（1）建立新的工程窗体，选择"工程"菜单中"部件"打开部件对话框，选中"ActiveX 控件示例"后单击"确定"按钮。

（2）将控件添加到窗体中。

四、习题与思考

制作一个密码输入的 ActiveX 控件，实现输入密码和验证功能。

PART 21

实验 21
综合实验实例

一、实验目的

1. 进一步理解和掌握程序设计语言的知识、扩展 VB 的知识。
2. 掌握利用 VB 编写应用程序的技巧。
3. 了解 VB 应用程序的编写规范和设计方法。
4. 加强应用 VB 程序设计语言解决实际问题的能力。
5. 培养对编程知识的理解和综合应用能力。

二、实验内容及步骤

1. 实验题目

房屋信息管理系统。

2. 系统需求分析

房屋信息管理系统主要管理房屋的信息，方便用户的查询和统计，满足管理人员的需求。主要完成如下功能。

（1）能够管理所有的房屋信息，包括楼房信息和房间信息。

（2）能够快速地进行房屋信息的查询。

（3）基础信息的增加和维护比较方便，具有良好的自治功能。

房屋信息管理系统主要包括楼房管理、房间管理和信息查询 3 个功能。楼房管理功能实现对楼房信息的增加、修改和删除等，楼房信息主要包括楼房号、楼名、所处位置、占地面积、总价值、层数、房间数、楼房说明等。房间管理功能实现对房间信息的增加、修改和删除等，房间信息主要包括房间号、楼房号、位置、房间大小、房间类型、使用状态等。

3. 数据库设计

本系统使用 MicroSoft　Access 2003，创建一个数据库并命名为 FW.MDB，根据系统需求分析，需要建立楼房信息表和房间信息表。

（1）楼房信息表。楼房信息表主要记录楼房信息，包括楼房号、楼名、所处位置、占地面积、总价值、层数、房间数、楼房说明等，数据表结构如表 21-1 所示。

表 21-1 楼房信息表

字段名称	数据类型	长 度	能否为空	说 明
Lou_Id	文本	4	主键	楼房号
Lou_name	文本	50	非空	楼房名称
Lou_position	文本	200	可为空	楼房位置
Lou_area	数字	双精度型	可为空	楼房面积
Lou_value	数字	双精度型	可为空	楼房价值
Lou_layers	数字	长整型	可为空	楼房层数
Lou_rooms	数字	长整型	可为空	楼房房间数
Lou_memo	备注		可为空	楼房说明

（2）房间信息表。房间信息表主要记录房间信息，包括房间号、楼房号、位置、房间大小、房间类型、使用状态、房间说明等，数据表结构如表 21-2 所示。

表 21-2 房间信息表

字段名称	数据类型	长 度	能否为空	说 明
Room_Id	文本	4	联合主键	房间号
Lou_Id	文本	4	联合主键 外键	楼房号
Room_position	文本	200	可为空	房间位置
Room_area	数字	双精度型	可为空	房间面积
Room_type	文本	8	可为空	房间类型
Room_status	文本	6	可为空	房间状态
Room_memo	备注		可为空	房间说明

4．系统的模块划分和系统主模块

（1）系统的模块划分。整个系统划分为 3 个模块，包括楼房管理、房间管理和信息查询，如图 21-1 所示。

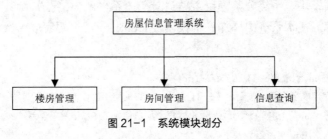

图 21-1 系统模块划分

（2）系统主模块。系统主模块主要包括系统主窗体和公共模块，用来进行数据库的连接、数据的初始化以及对各功能模块的调用。

系统主窗体由窗体和菜单构成。首先建立一个工程，然后创建系统主窗体和菜单，并在主窗体添加窗体代码，来调用各个子窗体。

在项目资源管理器中为项目添加一个 MDI 窗体作为系统主窗体，系统主窗体如图 21-2 所示。

在"房屋信息管理系统"窗体中右键单击，进入"菜单编辑器"，按图 21-2 所示菜单建立各个菜单项，并为各菜单项编写其对应的代码，具体如下。

```
Private Sub building_Click()
    frmbuilding.Show                '打开楼房管理界面
End Sub


Private Sub info_Click()
    frminfo.Show                    '打开信息查询界面
End Sub


Private Sub mnuEnd_Click()
    Unload Me                       '结束
End Sub


Private Sub room_Click()
    frmroom.Show                    '打开房间管理界面
End Sub
```

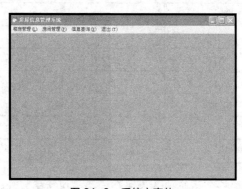

图 21-2　系统主窗体

（3）系统公共模块。系统公共模块主要设计整个系统所需的公共函数和全局变量，以提高代码的利用效率。在本系统中添加一个模块 Module1，其主要完成对数据库的操作，具体代码如下。

```
Public Function ConnStr() As String
    '设置数据库连接字符串，需要设置在 Windows 系统的控制面板下"管理工具"中
    '配置"用户 DSN"，连接 FW.MDB，用户数据源的名称为"房屋信息管理系统"
    ConnStr = "Dsn=房屋信息管理系统"
End Function
Public Function OpenConn(ByRef Conn As ADODB.Connection) As Boolean
'打开数据库连接，连接成功返回 true，出错时返回 false
    Set Conn = New ADODB.Connection
    On Error GoTo ErrorHandle         '出错处理
    Conn.Open ConnStr                 '打开数据库连接
    OpenConn = True
```

```
       Exit Function
ErrorHandle:                                '如果出错，进行错误处理
    MsgBox "连接数据库失败！请重新连接！"
    OpenConn = False
    Exit Function
End Function
Public Sub ExecuteSQL(ByVal SQLStr As String, ByRef msg As String)
'执行 SQL 语句
    Dim Conn As ADODB.Connection
    Dim sTokens() As String
    '出错处理
    On Error GoTo ErrorHandle
    '判断 SQL 语句
    sTokens = Split(SQL)                     '调用 Split 函数拆分 SQL 语句
    If InStr("INSERT,DELETE,UPDATE", UCase((sTokens(0)))) Then
        '打开数据库连接
        If OpenConn(Conn) Then               '如果打开连接成功，执行 SQL 语句
            Conn.Execute SQLStr
            msg = sTokens(0) & "操作执行成功！"
        End If
    Else
        msg = "SQL 语句有误： " & SQLStr
    End If
Finally_Exit:                               '程序结束的时候进行对象销毁工作
    Set rst = Nothing
    Set Conn = Nothing
    Exit Sub
ErrorHandle:
msg = "执行错误： " & Err.Description
    Resume Finally_Exit
End Sub
Public Function SelectSQL(ByVal SQLStr As String, ByRef msg As String)_
As ADODB.Recordset
'执行 SQL 语句，返回 ADODB.Recordset
    Dim Conn As ADODB.Connection
    Dim rst As ADODB.Recordset
    Dim sTokens() As String
    '出错处理
    On Error GoTo ErrorHandle
    '判断 SQL 语句
    sTokens = Split(SQLStr)
    If InStr("SELECT", UCase((sTokens(0)))) Then
        '打开数据库连接
```

```
        If OpenConn(Conn) Then                '如果打开连接成功, 就进行查询操作
          Set rst = New ADODB.Recordset
          rst.CursorLocation = adUseClient
'执行查询操作
          rst.Open Trim$(SQLStr), Conn, adOpenDynamic, adLockOptimistic
          Set SelectSQL = rst
          msg = "查询到" & rst.RecordCount & " 条记录! "
        End If
    Else
        msg = "SQL 语句有误: " & SQLStr
    End If
Finally_Exit:
    Set rst = Nothing
    Set Conn = Nothing
    Exit Function
ErrorHandle:                  '如果 SQL 语句执行出错, 提示出错信息并转到 Finally_Exit
    MsgString = "查询错误: " & Err.Description
    Resume Finally_Exit
End Function
```

5. 系统的各功能模块

（1）楼房管理模块。楼房管理模块主要用于建立楼房信息，并对楼房信息进行添加、修改、删除等操作。用户登录系统后，单击"楼房管理"，进入楼房管理界面，如图 21-3 所示，可实现对楼房信息的维护。

图 21-3　楼房管理界面

实现楼房信息维护的主要代码如下。

```
Option Explicit
Dim rs As ADODB.Recordset
Dim SQLStr As String
Dim msg As String
Dim flag As String                     '判断是新增记录还是修改记录
```

```
Private Sub Form_Load()
    Call LoadData                        '装载数据
    Call ShowData                        '显示数据
End Sub
Private Sub LoadData()
'装载数据

    Dim list As ListItem
    Dim key As String
    Set rs = Nothing
    SQLStr = "SELECT * FROM 楼房信息表 ORDER BY Lou_ID"
    Set rs = SelectSQL(SQLStr, msg) '查询楼房信息
    ListView1.ListItems.Clear            '清空 ListView 控件
    If rs.RecordCount = 0 Then           '如果不存在楼房信息，可添加，其他无效
        CmdAdd.Enabled = True
        CmdModify.Enabled = False
        CmdDelete.Enabled = False
        CmdCancel.Enabled = False
        CmdSave.Enabled = False
    Else                                 '如果存在楼房信息，初始化 ListView 控件
        rs.MoveFirst
        Do Until rs.EOF
            key = rs.Fields("Lou_ID") & rs.Fields("Lou_name")
            Set list = ListView1.ListItems.Add(, , key, 1)
            rs.MoveNext
        Loop
        '编辑控件可用性
        CmdAdd.Enabled = True
        CmdModify.Enabled = True
        CmdDelete.Enabled = True
        CmdCancel.Enabled = False
        CmdSave.Enabled = False
        rs.MoveFirst                      '返回到第一条记录
    End If
    '设置控件 Enable 值
    Call CtrEnable(False)
End Sub
Private Sub CtrEnable(flag As Boolean)
'设置控件的 Enable 值
    txtBuildingId.Enabled = flag
    txtName.Enabled = flag
    txtArea.Enabled = flag
    txtInvest.Enabled = flag
```

```vb
         txtFloors.Enabled = flag
         txtRooms.Enabled = flag
         txtPosition.Enabled = flag
         txtNotes.Enabled = flag
End Sub
Private Sub ShowData()
'在控件中显示数据
    If rs.RecordCount <> 0 Then          '如果存在记录
        '为控件赋值
        txtBuildingId.Text = rs.Fields("Lou_ID")
        txtName.Text = rs.Fields("Lou_name")
        txtArea.Text = rs.Fields("Lou_area")
        txtInvest.Text = rs.Fields("Lou_value")
        txtFloors.Text = rs.Fields("Lou_layers")
        txtRooms.Text = rs.Fields("Lou_rooms")
        txtPosition.Text = rs.Fields("Lou_position")
        txtNotes.Text = rs.Fields("Lou_memo")
    End If
End Sub
Private Sub ListView1_Click()
'在控件中显示楼房信息
Dim key As String
If rs.RecordCount > 0 Then
    key = Trim(ListView1.SelectedItem)
    SQLStr = " SELECT * FROM 楼房信息表 WHERE Lou_ID='" & Left(key, 4) & "'"
        Set rs = SelectSQL(SQLStr, msg)
        Call ShowData                    '重新显示数据
    End If
End Sub
Private Sub CmdAdd_Click()
'添加操作
Call CtrClear                            '所有控件重置
    Call CtrEnable(True)                 '设置控件 Enable 值为可用
    flag = "Add"                         '设置标志 flag，表示所进行的操作为添加
    '添加、修改、删除按钮不可用，取消、保存按钮可用
    CmdAdd.Enabled = False
    CmdModify.Enabled = False
    CmdDelete.Enabled = False
    CmdCancel.Enabled = True
    CmdSave.Enabled = True
End Sub
Private Sub CtrClear()
'重置控件
```

```vb
        txtBuildingId.Text = ""
        txtName.Text = ""
        txtArea.Text = ""
        txtInvest.Text = ""
        txtFloors.Text = ""
        txtRooms.Text = ""
        txtPosition.Text = ""
        txtNotes.Text = ""
End Sub
Private Sub CmdModify_Click()
'修改操作
    If rs.RecordCount > 0 Then          '如果存在记录
        Call CtrEnable(True)            '设置楼房号不可用，其他控件可用
        txtBuildingId.Enabled = False
        flag = "Modify"                 '设置标志 flag，表示所进行的操作为修改
        '添加、修改、删除按钮不可用，取消、保存按钮可用
        CmdAdd.Enabled = False
        CmdModify.Enabled = False
        CmdDelete.Enabled = False
        CmdCancel.Enabled = True
        CmdSave.Enabled = True
    Else
        MsgBox ("没有可以修改的数据!")
    End If
End Sub
Private Sub CmdDelete_Click()
'删除操作
On Error GoTo ErrMsg                    '错误处理
    If rs.RecordCount > 0 Then
        msg = MsgBox("删除该条记录吗?", vbYesNo)
        If msg = vbYes Then
            rs.Delete                   '删除数据
            Call CtrClear               '清空控件
            Call LoadData               '重新装载数据
            Call ShowData               '显示数据
            Call CtrEnable(False)       '设置控件 Enable 值为不可用
            '添加、修改、删除按钮可用，取消、保存按钮不可用
            CmdAdd.Enabled = True
            CmdModify.Enabled = True
            CmdDelete.Enabled = True
            CmdSave.Enabled = False
            CmdCancel.Enabled = False
            MsgBox ("成功删除的数据!")
```

```
                End If
        Else
            MsgBox ("没有可删除的数据!")
        End If
        Exit Sub
ErrMsg:                                     '报告出错信息
    MsgBox Err.Description, vbExclamation, "出错"
End Sub
Private Sub CmdSave_Click()
'保存操作
On Error GoTo ErrMsg                        '错误处理
    If Not CheckData Then Exit Sub          '如果数据不合法就退出操作
    If flag = "Modify" Then                 '如果是修改数据,给出修改提示
        msg = MsgBox("您确实要修改这条数据吗?", vbYesNo)
        If msg = vbYes Then
            Call setData                    '设置数据字段的值
        Else
            Exit Sub
        End If
    ElseIf flag = "Add" Then                '如果是添加新数据
        rs.AddNew
        Call setData                        '设置数据字段的值
    End If
    rs.Update                               '更新数据
    '设置控件的可用性
    CmdModify.Enabled = True
    CmdDelete.Enabled = True
    CmdAdd.Enabled = True
    CmdSave.Enabled = False
    CmdCancel.Enabled = False
    If flag = "Add" Then
        MsgBox ("成功添加数据! ")
    Else
        MsgBox ("成功更新数据!")
    End If
    Call LoadData                           '重新装载数据
    If rs.RecordCount > 0 Then              '定位到添加或修改记录
        rs.MoveFirst
        rs.Find ("Lou_ID='" & Trim(txtBuildingId.Text) & "'")
        If Not rs.EOF Then Call ShowData    '重新显示数据
    End If
    Exit Sub
ErrMsg:                                     '报告出错信息
```

```
        MsgBox Err.Description, vbExclamation,          "出错"
End Sub
Private Function CheckData() As Boolean
'检查数据的合法性
    Dim rst As ADODB.Recordset
    Dim msgt As String
    msgt = ""
    '检查数据
    If Trim(txtBuildingId.Text) = "" Then               '检查楼房号是否为空
        msgt = "楼房号为空；"
     ElseIf Len(txtBuildingId.Text) <> 4 Then           '检查楼房号是否为 4 位
        msgt = msgt & "楼房号不是 4 位；"
    ElseIf Trim(txtName.Text) = "" Then                 '检查楼名是否为空
        msgt = msgt & "楼名为空；"
    End If
    If Not msgt = "" Then                               '如果提示信息不为空，给出错误提示
        MsgBox (msgt)
        CheckData = False                               '返回 False
        Exit Function
    End If
    If flag = "Add" Then                                '添加数据时，检查数据唯一性
        SQLStr = " SELECT * FROM 楼房信息表 WHERE Lou_ID='" &_ Trim(txtBuildingId.Text)
& "'"
        Set rst = SelectSQL(SQLStr, msg)
        If rst.RecordCount > 0 Then         '如果已经存在该楼房信息，提示重复添加
            MsgBox ("该信息已经存在，重复添加!")
            rst.Close
            CheckData = False                           '如果信息重复添加，返回 False
            Exit Function
        End If
    End If
    CheckData = True                                    '如果数据检查合法，返回 True
End Function
Private Sub setData()
'为字段设置数据
    rs.Fields("Lou_ID") = txtBuildingId.Text
    rs.Fields("Lou_name") = txtName.Text
    rs.Fields("Lou_area") = txtArea.Text
    rs.Fields("Lou_value") = txtInvest.Text
    rs.Fields("Lou_layers") = txtFloors.Text
    rs.Fields("Lou_rooms") = txtRooms.Text
    rs.Fields("Lou_position") = txtPosition.Text
    rs.Fields("Lou_memo") = txtNotes.Text
```

```
End Sub
Private Sub cmdCancel_Click()
'取消操作
    Call ShowData                              '重新在控件中显示信息
    Call CtrEnable(False)                      '设置控件 Enable 值为不可用
    '修改、删除、添加按钮可用,保存和取消按钮不可用
    CmdAdd.Enabled = True
    CmdModify.Enabled = True
    CmdDelete.Enabled = True
    CmdSave.Enabled = False
    CmdCancel.Enabled = False
End Sub
Private Sub CmdExit_Click()
'退出操作
    Unload Me
End Sub
Private Sub Form_Unload(Cancel As Integer)
'退出操作
    rs.Close
    Unload Me
End Sub
```

（2）房间管理模块。房间管理主要是建立房间信息，对房间信息进行添加、修改、删除等操作。用户登录系统后，单击"房间管理"，进入房间管理界面，如图 21-4 所示，可实现对房间信息的维护。

图 21-4　房间管理界面

实现房间信息维护的主要代码如下。

```
Option Explicit
Dim rs As ADODB.Recordset
Dim SQLStr As String
Dim msg As String
Dim Index As Integer
Dim flag As String                           '判断是新增记录还是修改记录
Private Sub Form_Load()
```

```
        Dim rst As ADODB.Recordset
        '初始化房间类型 ComboBox 控件
        CobType.AddItem ("教室")
        CobType.AddItem ("办公室")
        CobType.ListIndex = 0
        '初始化楼房号 ComboBox
        SQLStr = "SELECT Lou_ID, Lou_name FROM 楼房信息表 ORDER BY Lou_ID"
        Set rst = SelectSQL(SQLStr, msg)
        If rst.RecordCount = 0 Then              '如果没有楼房信息
            MsgBox "没有楼房信息，请先建立楼房信息！"
            Exit Sub
        Else
          Do While Not rst.EOF
            CobBuildingId.AddItem (rst.Fields("Lou_ID") & rst.Fields("Lou_name"))
            rst.MoveNext                        '指向下一条记录
          Loop
            CobBuildingId.ListIndex = 0         '默认 ComboBox
            rst.Close
        End If
        '初始化使用状态 ComboBox 控件
        CobSale.AddItem ("未使用")
        CobSale.AddItem ("已使用")
        CobSale.ListIndex = 0
        Call LoadData                           '装载数据
        Call ShowData                           '在控件中显示数据
End Sub
Private Sub LoadData()
'装载数据
    '查询房间信息
    SQLStr = "SELECT * FROM 房间信息表 ORDER BY Room_ID"
    Set rs = SelectSQL(SQLStr, msg)
    If rs.RecordCount = 0 Then               '如果不存在记录
        '编辑控件可用性
        CmdAdd.Enabled = True
        CmdModify.Enabled = False
        CmdDelete.Enabled = False
        CmdCancel.Enabled = False
        CmdSave.Enabled = False
    Else
        '编辑控件可用性
        CmdAdd.Enabled = True
        CmdModify.Enabled = True
        CmdDelete.Enabled = True
```

```
            CmdCancel.Enabled = False
            CmdSave.Enabled = False
        End If
      Call Tree                              '构造树
      Call CtrEnable(False)                  '设置控件 Enable 值
End Sub
Private Sub Tree()
    '构造树操作
    Dim rst As ADODB.Recordset
    Dim ms As ADODB.Recordset
    Dim nod1 As Node                         '定义 Node 对象
    Dim nod2 As Node                         '定义 Node 对象
    Dim F_key As String                      '保存父节点的关键字
    Dim F_text As String                     '保存父节点的文本
    Dim C_key As String                      '保存子节点的关键字
    Dim C_text As String                     '保存子节点的文本
    Set rst = Nothing
    Set ms = Nothing
    SQLStr = " SELECT Lou_ID, Lou_name FROM 楼房信息表 ORDER BY Lou_ID"
    Set rst = SelectSQL(SQLStr, msg)
    If rst.RecordCount = 0 Then              '如果没有楼房信息
        MsgBox "没有楼房信息，请先建立楼房信息！"
        Exit Sub
    Else
        rst.MoveFirst
        TreeView1.Nodes.Clear                '清空 TreeView 控件
        Do Until rst.EOF
            '添加父节点（楼房节点）
            F_key = Trim(rst.Fields("Lou_ID") & rst.Fields("Lou_name"))
            F_text = Trim(rst.Fields("Lou_name"))
            Set nod1 = TreeView1.Nodes.Add(, , F_key, F_text, 1)
            '查询相应楼房所包含的房间
            SQLStr = "SELECT * FROM  房间信息表 where "
SQLStr = SQLStr & " Lou_ID='" & Left(F_key, 4) & "' ORDER BY Lou_ID,Room_ID "
            Set ms = SelectSQL(SQLStr, msg)
            If ms.RecordCount <> 0 Then      '如果该楼房包含房间
                ms.MoveFirst
                Do Until ms.EOF
                    '添加子节点（房间节点）
                    C_key = Trim(ms.Fields("Lou_ID") & ms.Fields("Room_ID"))
                    C_text = Trim(ms.Fields("Room_ID"))
                Set nod2 = TreeView1.Nodes.Add(F_key, tvwChild, C_key, C_text, 2)
                    ms.MoveNext
```

```
              Loop
          End If
          rst.MoveNext
       Loop
    End If
End Sub
Private Sub CtrEnable(flag As Boolean)
'设置控件的 Enable 值
    txtRoomID.Enabled = flag
    CobBuildingId.Enabled = flag
    txtArea.Enabled = flag
    CobType.Enabled = flag
    CobSale.Enabled = flag
    txtSit.Enabled = flag
    txtNotes.Enabled = flag
End Sub
Private Sub ShowData()
'在控件中显示数据
    Dim Index As Integer
    If rs.RecordCount <> 0 Then                    '如果存在记录
      txtRoomID.Text = rs.Fields("Room_ID")
      '楼房 ComboBox 控件
     For Index = 0 To CobBuildingId.ListCount - 1
      If Left(Trim(CobBuildingId.list(Index)), 4) = rs.Fields("Lou_ID") Then
          CobBuildingId.ListIndex = Index
          Exit For
      End If
     Next Index
     txtArea.Text = rs.Fields("Room_area")
     CobType.Text = Trim(rs.Fields("Room_type"))
     CobSale.Text = Trim(rs.Fields("Room_status"))
     txtSit.Text = rs.Fields("Room_position")
     txtNotes.Text = rs.Fields("Room_memo")
    End If
End Sub
Private Sub CmdAdd_Click()
'添加操作
    Call CtrClear                '所有控件重置
    Call CtrEnable(True)         '设置控件 Enable 值为可用
    flag = "Add"                 '设置标志 flag，表示所进行的操作为添加
    '添加、修改、删除按钮不可用，取消、保存按钮可用
    CmdAdd.Enabled = False
    CmdModify.Enabled = False
```

```
        CmdDelete.Enabled = False
        CmdCancel.Enabled = True
        CmdSave.Enabled = True
End Sub
Private Sub CtrClear()
'重置控件
        txtRoomID.Text = ""
        CobBuildingId.ListIndex = 0
        txtArea.Text = ""
        CobType.ListIndex = 0
        CobSale.ListIndex = 0
        txtSit.Text = ""
        txtNotes.Text = ""
End Sub
Private Sub CmdModify_Click()
'修改操作
        If rs.RecordCount > 0 Then          '如果存在记录
            Call CtrEnable(True)             '设置控件 Enable 值为可用
            txtRoomID.Enabled = False        '房间号不能修改
            flag = "Modify"                  '设置标志 flag，表示所进行的操作为修改
            '添加、修改、删除按钮不可用，取消、保存按钮可用
            CmdAdd.Enabled = False
            CmdModify.Enabled = False
            CmdDelete.Enabled = False
            CmdCancel.Enabled = True
            CmdSave.Enabled = True
        Else
            MsgBox ("没有可以修改的数据!")
        End If
End Sub
Private Sub CmdDelete_Click()
'删除操作
        On Error GoTo ErrMsg                '错误处理
        If rs.RecordCount > 0 Then
            msg = MsgBox("删除该条记录吗?", vbYesNo)
            If msg = vbYes Then
                rs.Delete                          '删除数据
                Call CtrClear                      '清空控件
                Call LoadData                      '重新装载数据
                If rs.RecordCount <> 0 Then        '如果还存在记录
                    Call ShowData                  '重新显示数据
                End If
                Call CtrEnable(False)              '设置控件 Enable 值为不可用
```

```
                    '添加、删除按钮可用，修改、取消、保存按钮不可用
            CmdAdd.Enabled = True
            CmdModify.Enabled = False
            CmdDelete.Enabled = True
            CmdSave.Enabled = False
            CmdCancel.Enabled = False
            MsgBox ("成功删除的数据!")
        End If
    Else
        MsgBox ("没有可删除的数据!")
    End If
    Exit Sub
ErrMsg:                                         '报告出错信息
    MsgBox Err.Description, vbExclamation, "出错"
End Sub
Private Sub CmdSave_Click()
'保存操作
    On Error GoTo ErrMsg                        '错误处理
    If Not CheckData Then Exit Sub              '如果数据不合法就退出
    If flag = "Modify" Then                     '如果是修改数据
        msg = MsgBox("您确实要修改这条数据吗?", vbYesNo)
        If msg = vbYes Then
            Call setData                        '设置数据
        Else
            Exit Sub
        End If
    ElseIf flag = "Add" Then                    '如果是添加新数据
        rs.AddNew
        Call setData                            '设置数据
    End If
    rs.Update                                   '更新数据
    '设置控件的可用性
    CmdModify.Enabled = True
    CmdDelete.Enabled = True
    CmdAdd.Enabled = True
    CmdSave.Enabled = False
    CmdCancel.Enabled = False
    If flag = "Add" Then
        MsgBox ("成功添加数据! ")
    Else
        MsgBox ("成功更新数据!")
    End If
    Call LoadData                               '重新装载数据
```

```
        Exit Sub
ErrMsg:                                    '报告出错信息
    MsgBox Err.Description, vbExclamation, "出错"
End Sub
Private Function CheckData() As Boolean
'检查数据的合法性
    Dim rst As ADODB.Recordset
    Dim msgt As String
    msgt = ""
    '检查数据
    If Trim(txtRoomID.Text) = "" Then     '查房间号是否为空
        msgt = "房间号为空; "
        MsgBox (msgt)
        CheckData = False                 '房间号为空, 返回 False
        Exit Function
    End If
    CheckData = True                      '数据合法, 返回 True
End Function
Private Sub setData()
'为字段设置数据
    rs.Fields("Room_ID") = txtRoomID.Text
    rs.Fields("Lou_ID") = Left(CobBuildingId.Text, 4)
    rs.Fields("Room_area") = txtArea.Text
    rs.Fields("Room_type") = CobType.Text
    rs.Fields("Room_status") = CobSale.Text
    rs.Fields("Room_position") = txtSit.Text
    rs.Fields("Room_memo") = txtNotes.Text
End Sub
Private Sub cmdCancel_Click()
'取消操作
    Call ShowData                         '重新在控件中显示信息
    Call CtrEnable(False)                 '设置控件 Enable 值为不可用
    '修改、删除、添加按钮可用,保存和取消按钮不可用
    CmdAdd.Enabled = True
    CmdModify.Enabled = True
    CmdDelete.Enabled = True
    CmdSave.Enabled = False
    CmdCancel.Enabled = False
End Sub
Private Sub TreeView1_NodeClick(ByVal Node As MSComctlLib.Node)
'显示房间的具体信息
    Dim key As String                     '保存当前节点的关键字
    key = Trim(TreeView1.SelectedItem.key)
```

```
    '查询当前节点的信息
    SQLStr = "SELECT * FROM 房间信息表 where "
SQLStr = SQLStr & " Lou_ID='" & Left(Trim(key), 4) & "' and Room_ID='" _
 & Mid(Trim(key), 5) & "'"
    Set rs = SelectSQL(SQLStr, msg)
    Call ShowData                          '重新显示数据
End Sub
Private Sub CmdExit_Click()
'退出操作
    Unload Me
End Sub
Private Sub Form_Unload(Cancel As Integer)
'退出操作
    rs.Close
    Unload Me
End Sub
```

（3）信息查询模块。信息查询主要完成对楼房信息和房间信息的查询功能，提供多条件查询功能。用户登录系统后，单击"信息查询"，进入信息查询界面，如图 21-5 所示，可实现多条件的查询。

图 21-5　信息查询界面

实现信息查询的主要代码如下。

```
Option Explicit
Dim rs As ADODB.Recordset
Dim SQLStr As String
Dim msg As String
Private Sub Form_Load()
    '初始化房间类型 ComboBox 控件
    CobType.AddItem ("教室")
    CobType.AddItem ("办公室")
    CobType.ListIndex = 0
    '初始化楼房号 ComboBox
    CobBuildingId.AddItem ("所有")
```

```
        SQLStr = "SELECT Lou_ID, Lou_name FROM 楼房信息表 ORDER BY Lou_ID"

        Set rs = SelectSQL(SQLStr, msg)

        If rs.RecordCount = 0 Then                    '如果没有楼房信息

            MsgBox "没有楼房信息，请先建立楼房信息！"

            Exit Sub

        Else

          Do While Not rs.EOF

            CobBuildingId.AddItem (rs.Fields("Lou_ID") & rs.Fields("Lou_name"))

            rs.MoveNext                               '指向下一条记录

          Loop

            CobBuildingId.ListIndex = 0               '默认 ComboBox

            rs.Close

        End If

         '初始化使用状态 ComboBox 控件

        CobSale.AddItem ("未使用")

        CobSale.AddItem ("已使用")

        CobSale.ListIndex = 0

End Sub

Private Sub CmdQuery_Click()

'查询房间信息,构造 SQL 语句

        SQLStr = "select * from 房间信息表 where 1=1 "

        If ChkBuildingId.Value = 1 Then

            If Trim(CobBuildingId.Text) <> "所有" Then

    SQLStr = SQLStr & " and Lou_ID='" & Left(Trim(CobBuildingId.Text), 4) & "'"

            End If

        End If

        If ChkType.Value = 1 Then

            SQLStr = SQLStr & " and Room_type='" & Trim(CobType.Text) & "'"

        End If

        If ChkRoomArea.Value = 1 Then

SQLStr = SQLStr & " and Room_area between " & txtRoomArea1 & " and " & txtRoomArea2

        End If

        If ChkSale.Value = 1 Then

            SQLStr = SQLStr & " and Room_status='" & Trim(CobSale.Text) & "'"

        End If

        Set rs = SelectSQL(SQLStr, msg)

        Set DataGrid1.DataSource = rs

        DataGrid1.Refresh

End Sub
```

PART 22

实验 22
综合实验题（一）

一、实验任务

1. 实验题目

客房管理系统。

2. 实验任务

客房管理系统用于登记宾馆旅客入住情况，包括旅客的姓名及身份证号的登记，以及入住房间信息。当旅客离开时，需要办理退房结账手续。对于一定时间段的旅客入住情况实现基本查询、报表打印功能，对于宾馆本身也实现客房增减、入住情况查询等功能。

二、实验要求

客房管理系统主要完成如下功能。
1. 旅客从入住到退房结账信息管理的功能。
2. 旅客入住情况查询的功能。
3. 对旅客入住情况的统计和报表打印的功能。

三、实验提示

1. 实验软件环境

（1）Windows 2000/XP。
（2）MS Access 2003 或 MS SQL Server 2000 的数据库。
（3）VB 开发工具。

2. 实验设计步骤及要求

（1）客户管理系统需求分析。根据实验要求进行系统分析，确定系统的结构和功能，以及各模块所涉及的数据信息。

（2）关键技术分析。根据系统分析情况，确定系统设计时所采用的软件环境，并确定出所需要的关键技术，如 VB 与数据库的连接技术，数据结构的设计方法，报表的设计方法等。

（3）数据库的设计。数据库设计要遵循数据库的规范性要求，尽量减少冗余，保持数据一致。可设计旅客信息表为旅客的个人信息，客房信息表存储客房入住情况的基本信息，旅客退房记录表存储与旅客退房相关的一些记录信息，管理人员信息表存储宾馆管理人员使用该系统的账号、密码。

（4）菜单设计。菜单设计要合理，分类要清晰。

（5）主界面设计。界面设计要简洁，整齐划一，格式一致。

（6）各功能模块设计。

3．实验报告的格式及撰写要求

（1）实验报告要完整，包括封皮、目录、报告主体内容、总结。

（2）报告主体内容应写出设计的目的和意义、系统的功能结构、数据库结构的设计、界面设计的主要内容、主要的窗体设计内容，以及主要的流程图和算法等。

PART 23

实验 23
综合实验题（二）

一、实验任务

1. 实验题目

人事管理系统。

2. 实验任务

人事管理系统是企业用来管理员工信息和考勤的信息化系统，是企业管理员工档案的重要工具，可以规范企业员工的人事档案，提高人事管理效率，能方便、快捷地查询各类信息，减轻管理人员的工作任务，降低管理成本。

二、实验要求

人事管理系统主要完成如下功能。

1. 职能设置：主要完成企业的部门信息和职务信息的管理。
2. 员工信息管理：主要管理员工的录用信息、基本信息等，同时提供查询的相关功能。
3. 员工考勤管理：主要完成员工考勤录入、考勤查询，以及考勤考核等信息的管理。

三、实验提示

1. 实验软件环境

（1）Windows 2000/XP。

（2）MS Access 2003 或 MS SQL Server 2000 的数据库。

（3）VB 开发工具。

2. 实验设计步骤及要求

（1）人事管理系统需求分析。根据实验要求进行系统分析，确定系统的结构和功能，及各模块所涉及的数据信息。

（2）关键技术分析。根据系统分析情况，确定系统设计时所采用的软件环境，并确定出所需要的关键技术，如 VB 与数据库的连接技术，工具栏的设计和实现，多条件的查询实现等。

（3）数据库的设计。数据库设计要遵循数据库的规范性要求，尽量减少冗余，保持数据一致。可设计的数据表有：部门信息表、职务信息表、员工录用信息表、员工基本信息表、考勤信息表、考勤考核信息表。

（4）菜单设计。菜单设计要合理，分类要清晰。

（5）主界面设计。界面设计要简洁，整齐划一，格式一致。

（6）各功能模块设计。

3．实验报告的格式及撰写要求

（1）实验报告要完整，包括封皮、目录、报告主体内容、总结。

（2）报告主体内容应写出设计的目的和意义、系统的功能结构、数据库结构的设计、界面设计的主要内容、主要的窗体设计内容，以及主要的流程图和算法等。